超簡單！
Autodesk
Fusion 360
最強設計入門與實戰
| 第二版 |

Autodesk 公司是以設計軟體著名的高端軟體公司，有針對 2D 設計出色的 AutoCAD，有 3D 造型建模專精的 3ds Max，有針對建築設計的 Revit，也有專門針對機構設計的 Inventor，現在又出了一款兼具設計分析與外觀表現的強大軟體，就是 Fusion 360。

Fusion 360 的推出，將使未來設計方式有很大的改變，直覺與簡單的設計模式讓設計師躍躍欲試，當然也包括我在內。Fusion 360 結合不同軟體的優點，功能性多，且操作直覺，限制寬鬆，使設計者可自由的揮灑自己的創意，快速彩現，呈現出漂亮的產品外觀，後端更配合製造模擬與 3D 列印，儼然成為產品設計的新寵兒。

邱老師擁有 Autodesk 系列軟體的豐富教學經驗，本身也是 Autodesk 系列的重度使用者，相信邱老師循序漸進的教學內容，能夠快速帶領初學者進入狀況，更不用說如果是本身對 Autodesk 軟體或者產品設計有興趣者，相信本書更可以讓你快速理解 Fusion 360 的快狠準設計模式，將自己的設計 Idea 毫無懸念的精準呈現。發想，動手，表現，是 Fusion 360 帶給您的全新樂趣！

林佳駿

南臺科技大學 / 視覺傳達設計系 / 副教授

序 | Preface

Fusion 360 為 Autodesk 公司近年來推出的強大雲端軟體，這套軟體完整囊括設計、製造、分析之三大產品生產流程，讓使用者輕鬆將腦內創意實現，進而進行產品的開發。不但功能容易上手，且凡是教育者或是學生皆可免費下載安裝，相當方便。而且只要登入 Autodesk 帳號就能夠使用，是非常容易取得普及化的設計軟體。

Fusion 360 綜合 Inventor、Creo、3ds Max 等 3D 模型設計軟體的優點，不僅擁有類似 3ds Max 的自由造型編輯，Creo 參數類軟體的歷史步驟紀錄，也有 Inventor 出色的機構元件組裝功能，更能直接輸出 3D 列印檔案，列印成品，Fusion 360 的突破性，成為 CAD 類軟體的新焦點，也是未來製造設計的新趨勢。

另外一大賣點為雲端功能，所有的檔案皆儲存在網路雲端中，且可將設計成員加入至同一個專案，進行協力合作設計，即時更新進度，快速整合多位設計者的創意，已創造了設計軟體的新高度。

感謝家琦、庭佑、玉琪、綉華等參與編輯與撰寫，本書使用淺顯易懂的圖文解說，前半部介紹各大設計功能，後半部以實例帶領讀者一步步操作，完成造型與指令練習兼具的範例。不管是設計師、工程師，亦或是對產品設計有興趣的愛好者，皆能輕易上手，體驗到 Fusion 360 強大且方便的設計能力。

目錄 Contents

1 革命性的產品設計軟體 Fusion 360

Fusion 360 是一套融合許多 3D 軟體優點的強力設計軟體,一開始將直接透過簡單的馬克杯範例,讓讀者實際體驗 Fusion 360 極簡易的建模方式,感受 Fusion 360 的強大設計魅力。

2 Fusion 360 介面與基礎操作

Fusion 360 設計成品可儲存在雲端或是電腦,儲存在雲端的專案資料夾皆可與夥伴或同事分享,方便在雲端上共同編輯。本章節要介紹如何管理專案與 Fusion 360 的介面操作。

3 2D 草圖繪製與編輯

建模的基本觀念就是繪製出 2D 輪廓,由 2D 輪廓建立 3D 模型,而 2D 輪廓必須繪製在「草圖」中,畫出正確的草圖是 3D 建模的基礎,本章節將介紹在草圖中繪製與編輯輪廓的方法。

4

視覺化建模模組

介紹實用的特徵指令，諸如「拉伸」、「旋轉」、「放樣」、「掃掠」等，Fusion 360 擁有歷程紀錄，所有的草圖、特徵都可回去再編輯，修改特徵參數，即可檢視結果，是參數化的設計模式。

5

所見即所得的模型編輯模式

繪製 2D 輪廓需要修剪線條，繪製 3D 模型也需要編輯外型，來製作更符合模型需求的細節。本章將介紹「圓角」、「薄殼」、「合併」等編輯功能，來增加模型細節，設計變更更是建模重要的一環。

6

靈活的零件組合方式

零件與零件組裝需要利用各種拘束條件來連接，兩個零件之間才會產生關聯性，本章節以機械手臂的範例介紹各種拘束的操作以及效果。

7 以 T-Spline 的創新建模法

Fusion 360 比其他軟體強大的特點之一，就是擁有類似 3ds Max 軟體的強大造型編輯功能 T-Spline，T-Spline 是一種自由曲面建模技術，可分別編輯模型的頂點、邊、面，做移動、旋轉、縮放的動作，直覺的調整產品外型。本章節以高跟鞋與耳塞式耳機為範例，介紹 T-Spline 的曲面建模方式。

8 快速製作真實渲染效果

本章節將介紹快速渲染流程，在如何給予模型多種材質、修改材質的方法、以及環境設定等有更詳盡的介紹。本書使用第八章節的咖啡機範例來渲染，其他範例也可以使用此流程來渲染。

9 咖啡機範例（實體）

本章節將運用實體建模的指令完成咖啡機的造型建模，包括咖啡機主要外觀、沖煮頭，以及滴水盤。

10 電熨斗範例（曲面）

本章節將運用曲面與實體建模的指令完成電熨斗，包括電熨斗的外觀、按鈕，以及如何放置參考圖。

11 耳麥範例（造型）

本章節將運用造型建模的指令完成耳機麥克風，包括耳罩、頭戴與麥克風三個部位。

12 手推車範例（組裝）

本章節運用前面所學，從頭到尾組裝一台手推車，希望讀者可以先翻閱本章節最後一頁的完成圖，試著組裝練習，再回頭從步驟 1 開始檢視操作。

13 工業設計的共通語言 - 工程圖　　•PDF 檔，請線上下載•

要表現完成的零件或組件的加工方法或尺寸，可使用設計師與加工師傅的共同語言 - 工程圖面，工程圖可顯示模型的三視圖、局部視圖、剖面圖、等角圖…等表現方式，且與模型之間是互相關聯的，修改模型，工程圖隨時更新，不必擔心圖面與模型會有尺寸不符的情況。

14 動畫製作　　•PDF 檔，請線上下載•

本章節將介紹動畫面板的功能，並製作分解與組裝動畫，以及轉為工程圖的爆炸視圖。

A 快速轉換 3D 列印格式　　•PDF 檔，請線上下載•

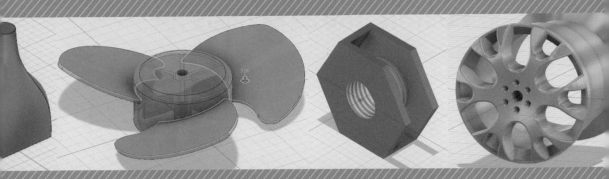

Fusion 360 是一套融合許多 3D 軟體優點的強力設計軟體，一開始將直接透過簡單的馬克杯範例，讓讀者實際體驗 Fusion 360 極簡易的建模方式，感受 Fusion 360 的強大設計魅力。

CHAPTER 01

革命性的產品設計軟體
Fusion 360

1-1 Fusion 360 繁簡介面對照

安裝並開啟 Fusion 360 軟體，登入
Autodesk 帳戶後，會發現介面為英
文版。點擊右上角人物圖示，按下
【Preferences】。

目前網路上有分享轉成繁體介面的方式，但 Fusion 360 軟體如更新，可能就會有
變化。

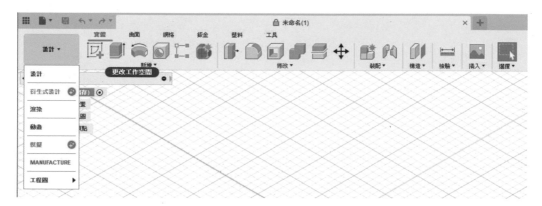

軟體中文版現在提供的是簡體版本，於【User language】切換，介面如下。

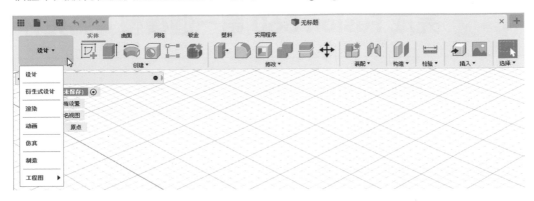

繁體介面與簡體版本的差異不大，如下所示：

左圖為繁體	右圖為簡體
新增	創建
模擬	仿真
MANUFACTURE	製造
資料	數據

1-2 完成 Fusion 360 第一個模型 - 馬克杯

01 點擊工具列上【 建立草圖】指令。

💡 **小秘訣**

若想先瞭解介面各區塊與操作，可先翻閱第 2-2 與 2-3 小節。

02 點擊上視圖的平面，作為繪製草圖的平面。紅色軸為 X 軸，綠色為 Y 軸，藍色為 Z 軸，X 與 Y 軸構成的平面就是 XY 平面。

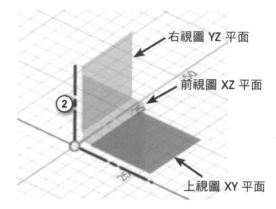

右視圖 YZ 平面

前視圖 XZ 平面

上視圖 XY 平面

03 點擊工具列上【新增】→【圓】→【中心直徑圓】。

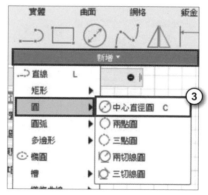

💡 **小提醒**

繁體翻譯為【新增】，簡體中文為【創建】。

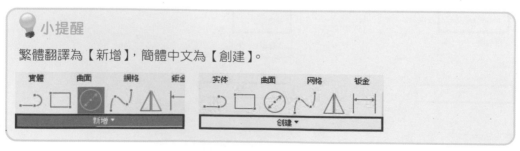

04 以滑鼠左鍵點擊原點為中心點，輸入「50mm」，按下 Enter 鍵兩下，繪製一個直徑為「50mm」的圓。

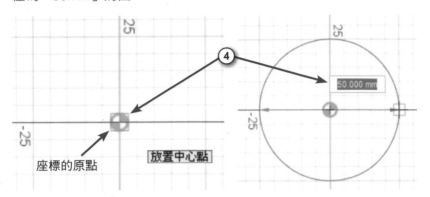

座標的原點

放置中心點

05 點擊工具列上【新增】→【圓】→【中心直徑圓】。

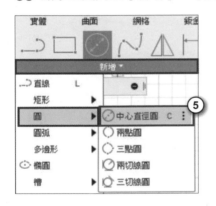

06 再次點擊原點為中心點，輸入「60mm」，按下 Enter 鍵兩下，繪製一個直徑為「60mm」的圓。

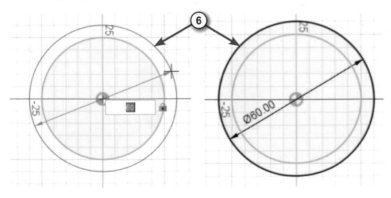

07 按住 [Shift] + 滑鼠中鍵，往上移動滑鼠來環轉視角觀察兩個圓。滾動滑鼠滾輪可以縮放視角。

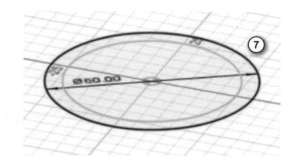

08 切換到實體頁籤→【拉伸】指令，將面做拉伸。

09 點擊兩個圓的中間藍色區域，如圖所示。

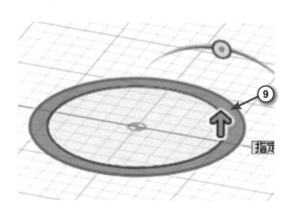

10 按住藍色箭頭將面往上拖曳，輸入高度「70」，按下 [Enter] 鍵兩下，繪製出馬克杯的外形。

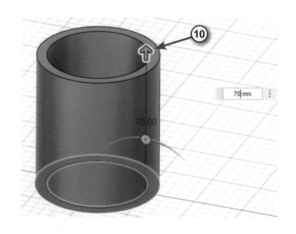

11 點擊工具列上【新增】→【建立草圖】指令。

12 選取 XY 平面當做繪製草圖的平面。

13 點擊工具列上【新增】→【圓】→【中心直徑圓】。點擊原點為中心點，輸入「50mm」，按下 Enter 鍵兩下，繪製一圓。

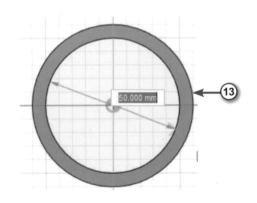

14 完成後點擊工具列的【完成草圖】按鈕。

15 完成馬克杯底部的面繪製。

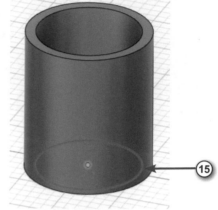

16 切換到實體頁籤→【拉伸】指令，將面做拉伸。

17 點擊馬克杯底部的面，如圖所示。

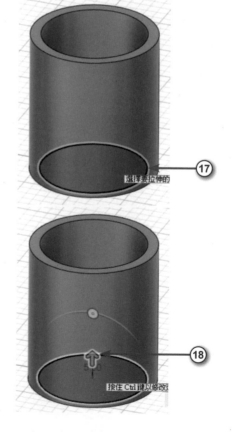

18 按住藍色箭頭將面往上拖曳，將底部的面拉出高度。

19 在距離的欄位中輸入「5」，完成後按下 Enter 鍵。

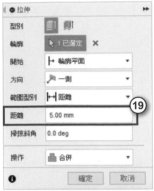

20 完成馬克杯的外型。

21 點擊工具列【新增草圖】指令。

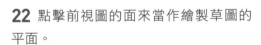

22 點擊前視圖的面來當作繪製草圖的平面。

YZ 或 XZ 平面皆可

23 點擊【新增】下拉式選單→【直線】指令。

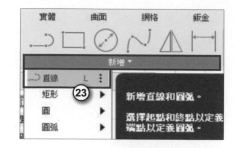

24 從左上方的點開始，繪製出三條直線，按下 Esc 鍵結束，如圖所示，注意線段的頭尾要埋入杯子內側。

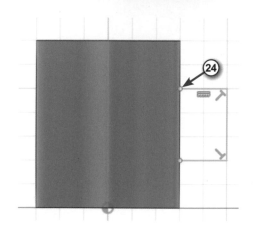

25 在修改面板→【圓角】指令。

26 並點擊上與右兩直線，將線段做出圓角。

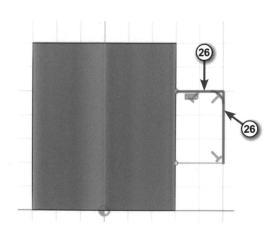

27 繼續點擊下方的兩線段來做圓角，拖曳藍色箭頭可以修改圓角大小。

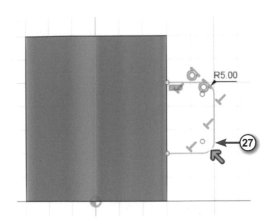

28 完成後點擊【完成草圖】。

29 若有出現多餘線段，選取線段，按下 Delete 鍵刪除，只留下杯子手把線段。

30 點擊工具列【構造】→【沿路徑的平面】。

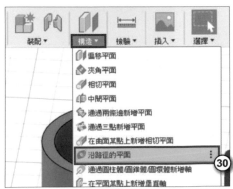

31 點擊馬克杯的手把當作路徑，建立
與路徑垂直的平面。

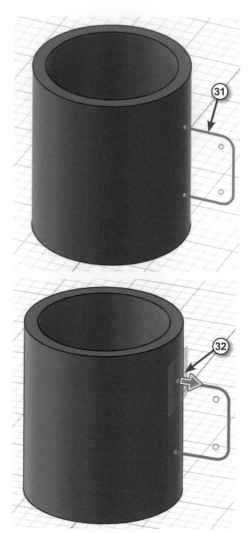

32 拖曳藍色箭頭將面往內移至路徑的
盡頭，如右圖所示。（若步驟 24 線段的
繪製順序是由下至上，則藍色箭頭的方
向會反轉。）

33 完成後按下【確定】。

沿路徑的平面		
路徑	1 已选定 ✕	
相切链	☑	
距离类型	成比例	▼
距离	0.00	
❶	确定	取消

34 在【新增】面板→【新增草圖】。

35 點擊手把上方的平面，當作要繪製草圖的平面。

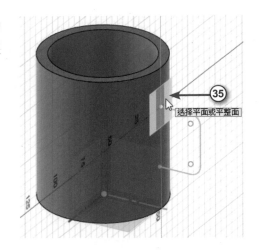

36 點擊工具列的【新增】→【圓】→【中心直徑圓】。

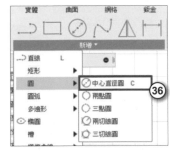

37 點擊原點當做中心點，繪製一個「7mm」的圓。

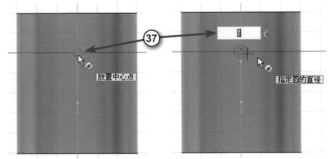

38 點擊實體頁籤的【新增】→【掃掠】。

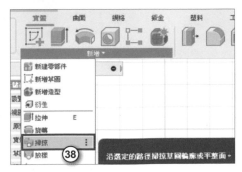

39 點擊【輪廓】旁邊的【選擇】，並點選剛剛繪製的圓。

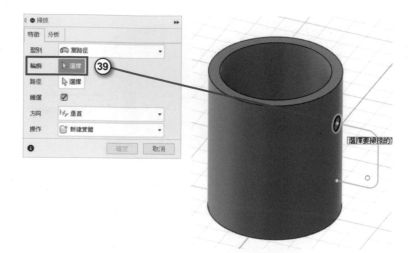

40 點擊【路徑】旁邊的【選擇】，並點選手把上的線段當作路徑。

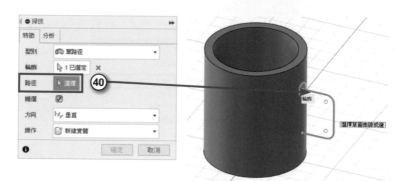

41 在操作的下拉式選單中點選【合併】，完成後按下【確定】。

42 完成手把的繪製。

43 切換到修改工具列→【圓角】指令。

44 點擊手把與杯子接合處的圓,如圖
所示。

45 再點擊下方另一個圓,將兩個圓一
起選擇。

46 拖曳藍色箭頭,做出圓角。

47 在半徑的欄位中輸入「3」，如圖所示，點擊【確定】完成。

48 在修改面板→【圓角】指令。

49 點擊馬克杯底部的圓，如圖所示。

50 按住藍色箭頭往內拖曳，做出圓角。

51 在半徑的欄位中輸入「2.5」，完成後按下【確定】。

52 完成底部圓角。

53 在修改面板→【圓角】指令。

54 點擊杯子上方的兩個圓邊，如圖所示。

55 按住藍色箭頭往內拖曳，做出圓角。

56 在半徑的欄位中輸入「2.5」，完成後按下【確定】。

57 完成馬克杯的繪製，恭喜您完成 Fusion 360 的第一個設計。

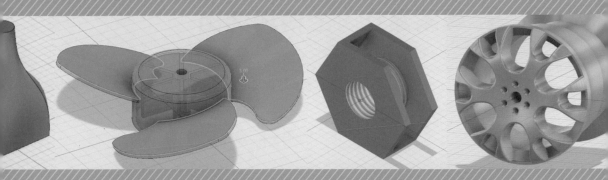

Fusion 360 設計成品可儲存在雲端或是電腦，儲存在雲端的專案資料夾皆可與夥伴或同事分享，方便在雲端上共同編輯。本章節要介紹如何管理專案與 Fusion 360 的介面操作。

CHAPTER 02

Fusion 360
介面與基礎操作

2-1 專案建立、上傳與導出

01 請點擊 Fusion 360 左上角的【顯示資料面板】按鈕，此時視窗左側會展開專案欄位，用來管理檔案，如右圖。

02 點擊【新建項目】按鈕。

03 專案名稱輸入「Fusion 360」，讀者可以自行決定名稱。

04 點擊專案右上角的大頭釘圖案，可以固定此專案到最上方，連續點擊兩次【Fusion 360】專案，可進入專案資料夾。

05 點擊【新增資料夾】按鈕。

06 名稱輸入「ch3-2D 草圖繪製」，按下 Enter 鍵完成。可自行設定名稱，建議依照章節分類容易尋找。

07 連續點擊兩下【ch3-2D 草圖繪製】資料夾，進入資料夾，確認目前在 ch3 資料夾內。

08 點擊【上傳】按鈕。

09 點擊【選擇文件】。

10 點擊【所有文件】下拉式選單，可以看到所有支援 Fusion 360 的檔案格式，而 Fusion 360 儲存的檔案副檔名為〈.f3d〉。

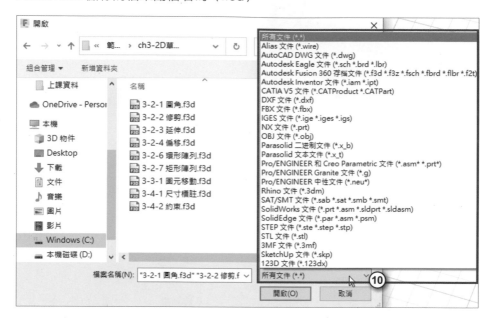

11 開啟第 3 章範例檔，框選所有範例檔，點擊【開啟】。

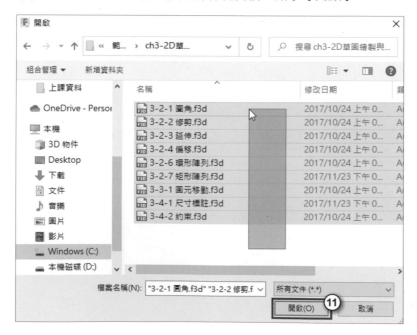

12 點擊【上傳】，開始上傳檔案。

13 上傳完成後，可以在資料夾內看到上傳的草圖或零件縮圖。

14 點擊【Fusion360】，回到上一層。

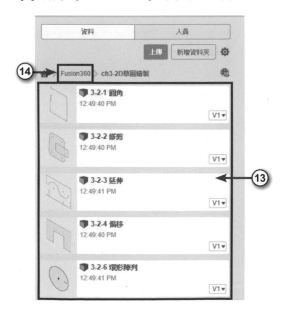

15 再點擊【新增資料夾】按鈕。

16 名稱輸入「ch4- 視覺化建模模組」，
按下 Enter 鍵。

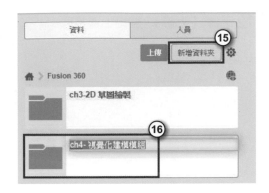

17 連續點擊兩下【ch4- 視覺化建模模
組】資料夾，進入資料夾，確認目前在
ch4 資料夾內。

18 點擊【上傳】。

19 開啟檔案總管，找到第 4 章範例檔，選取所有範例檔拖曳到【拖放到此處】的欄
位。

20 點擊【上傳】，開始上傳檔案。以上兩種上傳檔案的方式都可以使用。

21 上傳完成後，就可在專案中看見零件縮圖。點擊右上角齒輪圖示，可以自由切換【以列表形式查看】或【以格線形式查看】兩種顯示方式。

列表顯示

格線顯示（柵格顯示）

22 請依照相同方式，將所有章節的範例檔，皆上傳到【Fusion 360 範例檔】的專案中。

23 儲存在雲端的檔案可以連續點擊兩次零件縮圖來開啟或編輯，或是拖曳到目前開啟的檔案中，進行組裝。（目前檔案必須先存檔）

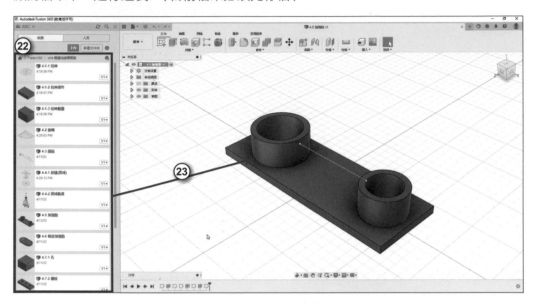

24 點擊【文件】→【導出】，將檔案匯出。

25 在名稱欄位中輸入【 worksample 】，在類型中選擇要儲存的類型為【 *.f3d 】。

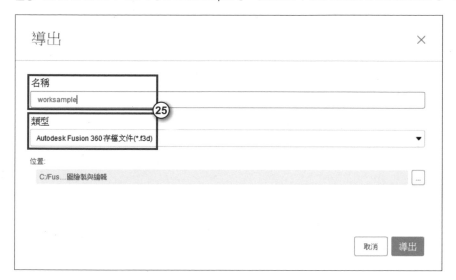

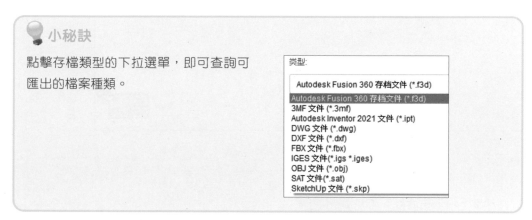

🔦 **小秘訣**

點擊存檔類型的下拉選單，即可查詢可
匯出的檔案種類。

26 點擊【位置】的右方按鈕，選擇要儲存的位置。

27 點擊要存放的資料夾後，並點擊【存檔】。

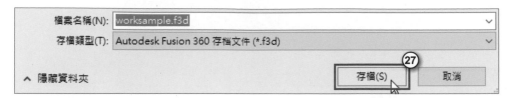

28 設定完成後按下【導出】，將檔案存在電腦的資料夾中。

💡 小秘訣

在檔案上按滑鼠右鍵→【共享鏈接】。

點擊鼠標指示的位置切換為 ✓，點擊【複製】可以複製連結，可以使用網頁瀏覽器來檢視模型。

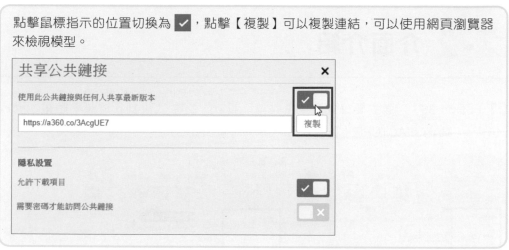

2-11

💡 小秘訣

切換到【人員】，可以輸入電子郵件，並按下【邀請】，邀請新的團隊成員共同設計。

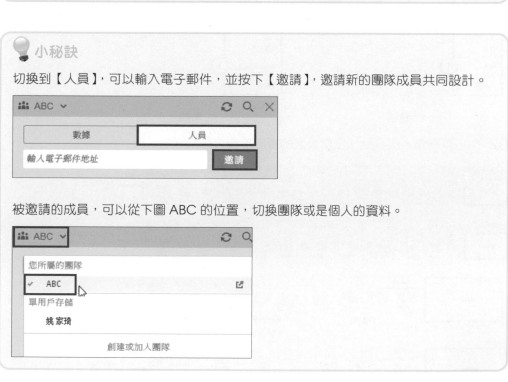

被邀請的成員，可以從下圖 ABC 的位置，切換團隊或是個人的資料。

2-2 介面介紹

01 Fusion 360 介面主要分成八大工作區：設計、衍生式設計、渲染、動畫、模擬（仿真）、MANUFACTURE（製造）、工程圖共七個工作空間。

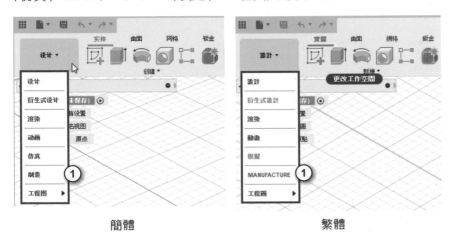

簡體　　　　　　　　　　　繁體

02 你可以點擊「工具列」左側最大的圖形按鈕來做切換。

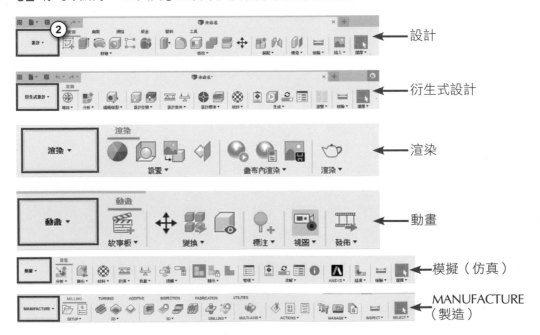

設計

衍生式設計

渲染

動畫

模擬（仿真）

MANUFACTURE
（製造）

03 視窗內各部分的名稱如下：

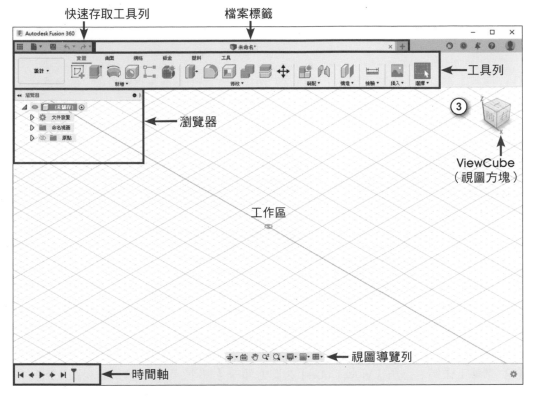

▶ 工具列：顯示不同工作區的工具按鈕。

▶ 快速存取工具列：包括「顯示資料面板」、「檔案」、「保存」、「退回」、「重做」等
功能。

▶ 瀏覽器：列出目前檔案中的原點、基準面、實體、草圖等物件，也可隨時隱藏或顯示。

▶ 時間軸：記錄設計過程中的操作（草圖或特徵 ... 等），在特徵上點擊滑鼠右鍵可以
編輯，拖曳特徵可更改計算順序。

▶ 視圖導覽列：用於環轉視角、縮放或平移畫面，以及顯示設定。

▶ ViewCube 視圖方塊：可切換前、上、右視圖觀察模型，左鍵按住拖曳可環轉視角。

▶ 工作區：建立草繪與模型的區域。

▶ 檔案標籤：顯示目前檔案開啟的名稱，點擊標籤右邊的 x 按鈕，可以關閉該檔案，
點擊標籤右邊的 + 按鈕，可新建檔案。

2-3 基礎操作

01 運用本書第 2-1 小節的操作上傳所有範例檔。在「Fusion 360 範例檔」的專案中，
左鍵點擊兩下【worksample】範例檔，開啟檔案。

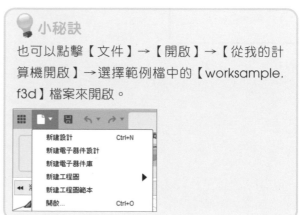

💡 **小秘訣**

也可以點擊【文件】→【開啟】→【從我的計
算機開啟】→選擇範例檔中的【worksample.
f3d】檔案來開啟。

02 點擊工作區右上角【View Cube】視圖方塊→【前】，可以切換到前視圖，由此方
向檢視模型。

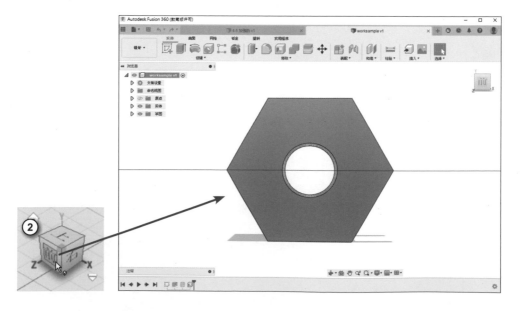

03 點擊小房子按鈕回到主視圖。點擊工作區右上角【View Cube】視圖方塊→【上】，可以切換到上視圖。

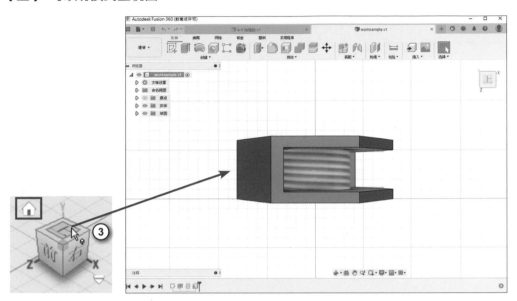

04 點擊小房子按鈕回到主視圖。點擊工作區右上角【View Cube】視圖方塊→【右】，可以切換到右視圖。

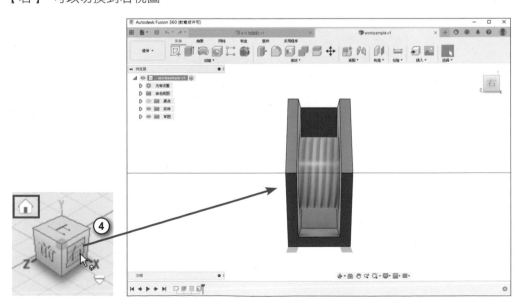

05 再點擊小房子按鈕回到預設的主視圖。

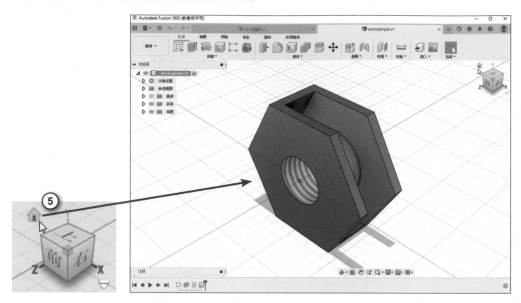

06 滑鼠左鍵按住【View Cube】視圖方塊進行拖曳，也可以環轉視角。

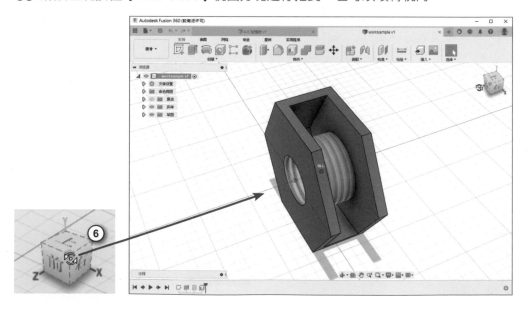

07 在【ViewCube】視圖方塊上，按下滑鼠右鍵→【正交】可以切換成平行視角，此模式適合建模使用，而【透視模式】適合觀看模型真實的視覺效果。

08 在【ViewCube】視圖方塊上，按下滑鼠右鍵→【將當前視圖設為主視圖】→【佈滿視圖】，可以對目前視角作記錄，再任意環轉視角後，點擊【Home 🏠】就會轉回記錄的視角。

 小秘訣

在【ViewCube】視圖方塊上，按下滑鼠右鍵→【重置主視圖】，即可恢復預設的主視圖。

09 點擊工作區下方【視圖導覽列】→【 ➕ ▾（動態觀察）】，在工作區內按住滑鼠左鍵進行拖曳，可以自由改變視角。也可以按住 Shift + 滑鼠中鍵作 3D 環轉。

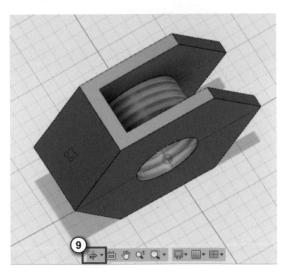

10 點擊工作區下方【視圖導覽列】→
【 🗗 （觀察方向）】，點選任一平面後，
可以將視角轉到垂直該平面的方向。

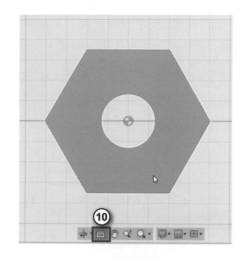

11 點擊工作區下方【視圖導覽列】→
【 ✋ （平移）】，在工作區內按住滑鼠左
鍵拖曳，可以平行移動視圖。也可以按
住滑鼠中鍵作平移。

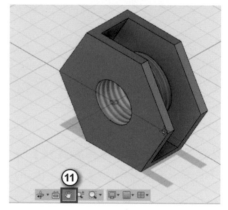

12 點擊工作區下方【視圖導覽列】→【 🔍 （縮放）】，在工作區按住滑鼠左鍵上下拖
曳，可以放大、縮小檢視工作區。也可以用滑鼠滾輪作縮放。

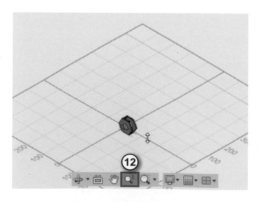

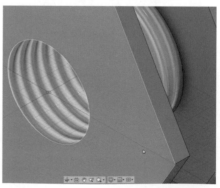

13 點擊工作區下方【視圖導覽列】→【🔍▾（窗口縮放）】，在框選想要檢視的區域，即可局部放大檢視。

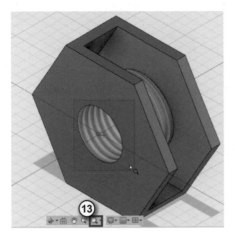 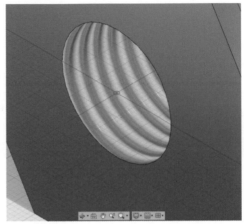

14 點擊工作區下方【視圖導覽列】→【🖥▾（顯示設置）】→【視覺型式】→【僅帶可見邊著色】，可以切換模型的顯示模式。

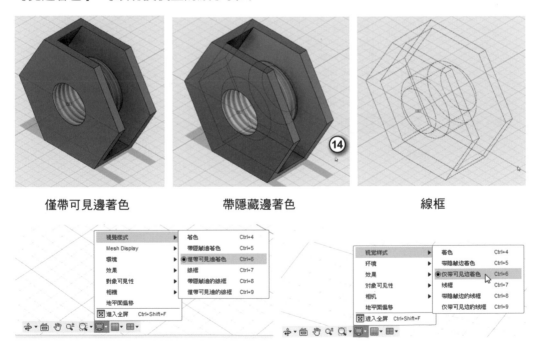

僅帶可見邊著色　　　　　帶隱藏邊著色　　　　　　線框

繁簡對照圖

15 點擊工作區下方【視圖導覽列】→【▦▾（柵格和捕捉）】→關閉【佈局柵格】（如左圖），開啟【佈局柵格】（如右圖）。控制工作區內的格線顯示。

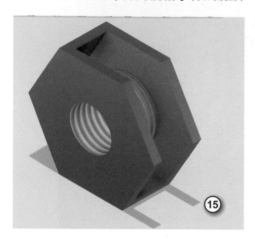 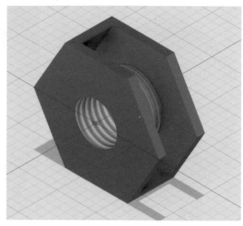

16 點擊工作區下方【視圖導覽列】→【▦▾（柵格和捕捉）】→關閉【捕捉到柵格】與【增量移動】，使繪圖操作更順暢。

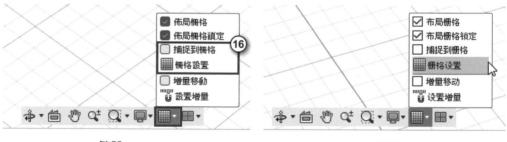

繁體　　　　　　　　　　　　　　　　　簡體

17 點擊工作區下方【視圖導覽列】→【 ⊞ （視口）】可以將畫面切換為【多視圖】
或【單視圖】。

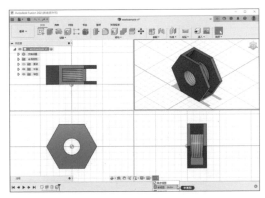

多視圖

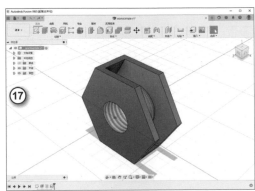

單視圖

快捷鍵

可利用下列快捷鍵調整或檢視模型。

工具名稱	快捷鍵	用途
平移	按住滑鼠中鍵 + 工作區內拖曳	平移畫面
縮放	前後滾動滑鼠滾輪 或是 Ctrl + Shift + 滑鼠中鍵	縮小或放大畫面。
動態觀察	Shift + 按住滑鼠中鍵 + 工作區內拖曳	環轉畫面，檢視物件。
複製	Ctrl + C	複製物件。
貼上	Ctrl + V	貼上物件。

2-4 模擬練習

1. 在顯示設定內，哪一個選項可以控制
模型的顯示模式（如圖）？

A. 視覺樣式

B. 環境

C. 效果

D. 對象可見性

Ans：A

2. 在顯示設定內，哪一個選項可以控制
模型的顯示模式（如圖）？

A. 視覺樣式

B. 環境

C. 效果

D. 對象可見性

Ans：A

3. Fusion 360 儲存的檔案副檔名為 (.f3d), 除此之外下列何者為 Fusion 360 支援的檔
案格式？

A. AutoCAD DWG Files (*.dwg)　　　B. IGES (*.ige, *.iges, *.igs)

C. STL 文件 (*.stl)　　　　　　　　　D. 以上皆可

Ans：D

4. 可以透過以下哪種裝置，來存取 Fusion 360 的檔案？

A. 電腦　　　　　　　　　　　　　　B. 智慧型手機

C. 平板電腦　　　　　　　　　　　　D. 以上皆可

Ans：D

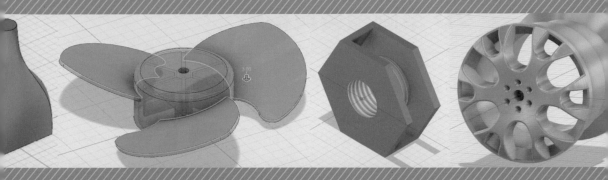

建模的基本觀念就是繪製出 2D 輪廓，由 2D 輪廓建立 3D 模型，而 2D 輪廓必須繪製在「草圖」中，畫出正確的草圖是 3D 建模的基礎，本章節將介紹在草圖中繪製與編輯輪廓的方法。

CHAPTER 03

2D 草圖繪製與編輯

3-1 2D 草圖繪製與編輯

3-1-1 草圖繪製與選取

特徵：在操作「Fusion」的過程中，常常看到所謂的「特徵」，而所謂的特徵即是構成物件所形成的參數與外型，例如：拉伸特徵。

草圖：所謂草圖是指 2D 的草繪，草圖的模式可以以線、圓、圓弧…等。2D 元素所繪製出的基本輪廓。

01 執行工具列上的【新增】→【新增草圖】。

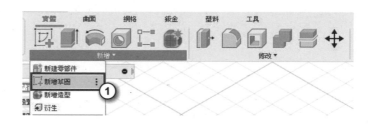

02 點擊「XY」平面，將視角切換到 XY 平面上。

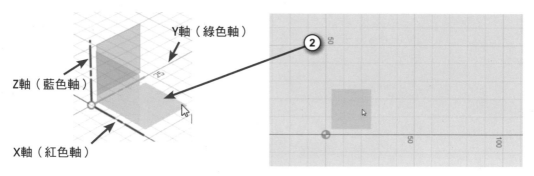

Y軸（綠色軸）

Z軸（藍色軸）

X軸（紅色軸）

03 點擊【直線】指令。

04 在工作區點擊任一點作為起始
點。

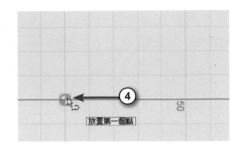

05 再點擊一點作為直線的第二個
點。

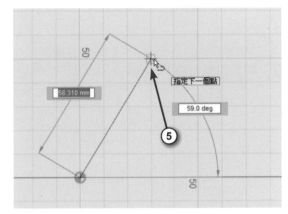

06 以連續點擊的方式決定第三與
第四個點,最後將線段封閉。

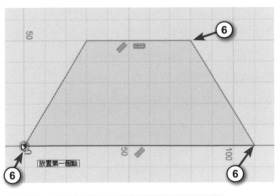

07 接著在右側空白處繪製第二個
形狀,點擊起點,接著點擊第二個
點時,按住滑鼠左鍵並拖曳可將直
線切換為圓弧模式。

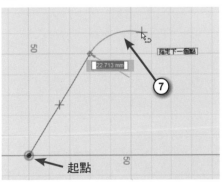

08 在圓弧終點位置放開滑鼠左鍵，並原地點擊一次左鍵。

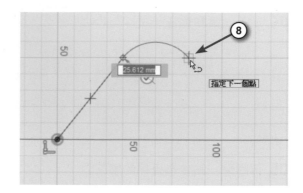

09 繼續點擊直線下一個點。

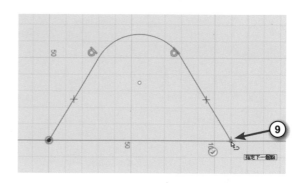

10 將滑鼠移動到端點附近灰色勾選按鈕上，打勾按鈕變為綠色，點擊後即完成線條的建立。（或是按 Esc 鍵結束線段，同時會結束線的指令。）

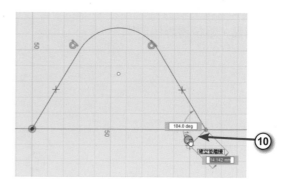

11 以滑鼠左鍵點擊線段，選取一條線，按住 Ctrl 或 Shift 鍵再點擊另一條線，可以加選，再點擊同一條線可以退選。

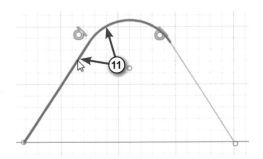

12 在空白處點擊滑鼠左鍵或是按 Esc 鍵可以全部取消選取。

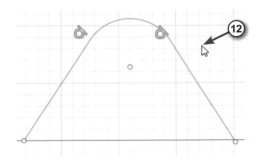

13 按住滑鼠左鍵，由右往左框選，被框線碰觸就會被選取，完成如右圖。

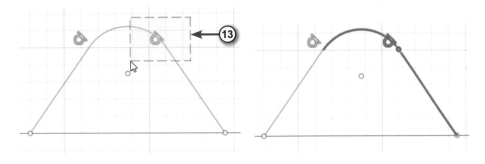

14 按住滑鼠左鍵，由左往右框選，被框線完全框住才會被選取，完成如右圖。

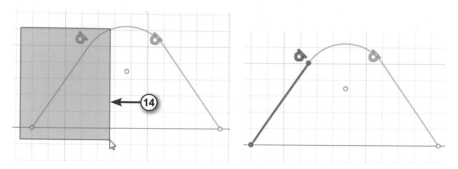

15 按住 Shift 鍵框選線段，可以加選。

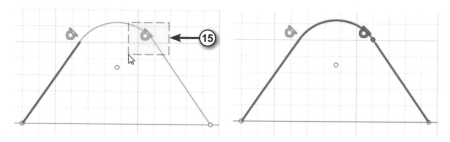

16 按住 Ctrl 鍵框選線段，可以退選。

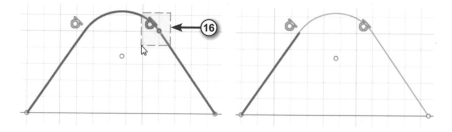

3-1-2 繪製矩形

01 點擊工具列上【新增】→【矩形】
→【兩點矩形】指令。

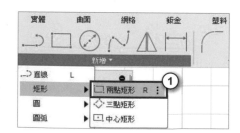

02 在工作區上點擊兩個對角點，來形成一個矩形。

03 可以繼續在平面上點擊下一個矩形，或者按下 Enter 或 Esc 鍵，來結束矩形的繪製，點擊工具面板上的【選擇】，也可以結束建立矩形。

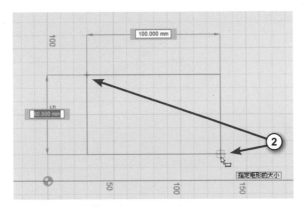

💡 **小秘訣**

點擊矩形第一個點後，可以直接在長寬欄位內輸入你想要的數值，可以快速的產生正確的矩形。輸入數值時，可以按下 Tab 鍵，來切換長寬數值的欄位，完成後按下 Enter 鍵，來結束繪製。

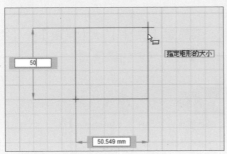

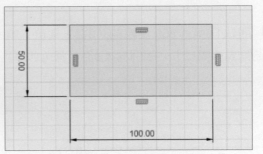

3-1-3 繪製圓

01 點擊工具列上【新增】→【圓】→【中心直徑圓】指令。

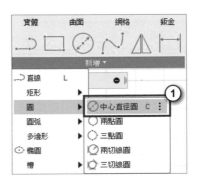

02 在工作區上點擊滑鼠左鍵確定圓心的位置，移動滑鼠再次點擊以決定直徑大小，或是直接在欄位內輸入數值，按下 Enter 鍵。

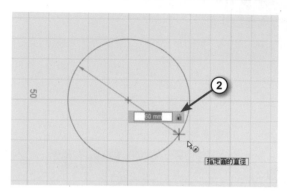 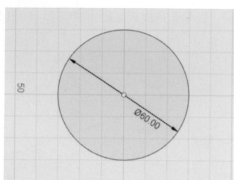

3-2 草圖編輯

3-2-1 圓角

01 開啟 Fusion 360 專案的〈3-2-1 圓角〉檔案，或點擊【文件】→【開啟】→【從我的計算機開啟】→範例檔〈3-2-1 圓角 .f3d〉來開啟圓角練習的範例檔。

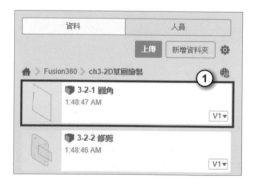 

02 展開瀏覽器內「草圖」類別，點擊「草圖1」後按下滑鼠右鍵，在右鍵選單中點擊「編輯草圖」。

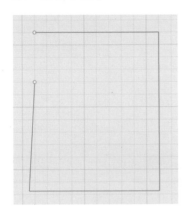

03 點擊【圓角】指令。

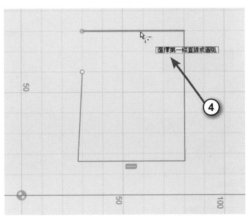

04 點擊要圓角的第一條線，如右圖所示。

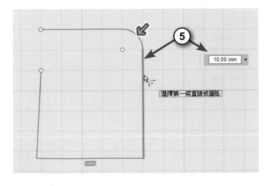

05 點擊要圓角的第二條線段，並在數值欄位中輸入「10」。

06 按下 Enter 鍵，完成圓角半徑為 10。

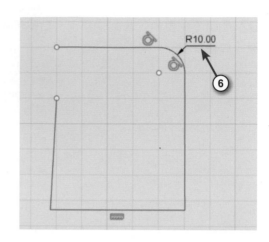

07 點擊滑鼠右鍵→選擇【重複圓角】，再次執行圓角指令。點擊要圓角的第一條線段，如右圖所示。

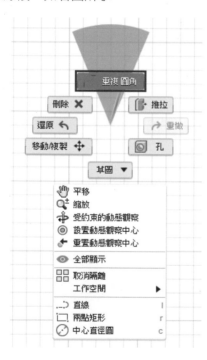

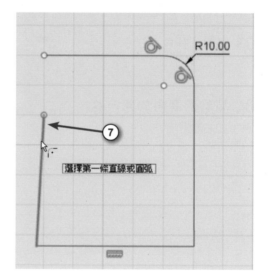

08 再點擊要圓角的第
二條線段，如右圖所
示。

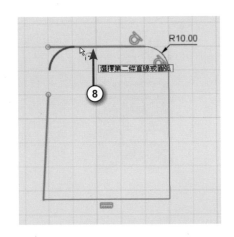

09 沒有相交的兩條線
段，也可以變成圓角，
輸入要圓角的數值為
「10」並按下 Enter 鍵，
完成圓角指令。

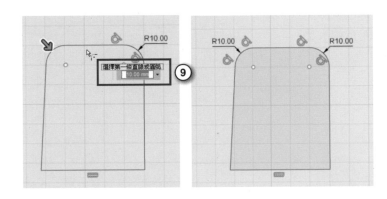

3-2-2 修剪

01 開啟範例檔
〈3-2-2 修剪 .f3d〉。

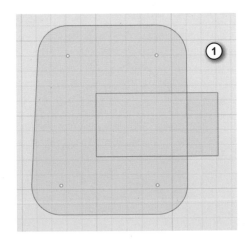

02 點擊工具列上【修改】→【修剪】指令，點選圖形來編輯此草圖，如右圖。

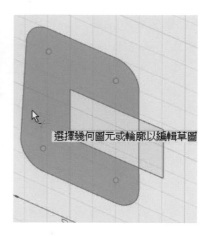

03 點擊修剪的線段，如右圖所示。

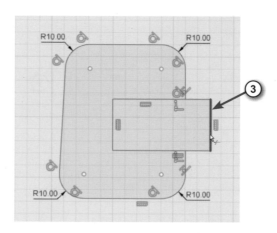

04 繼續點擊要修剪的線段，如下圖所示。

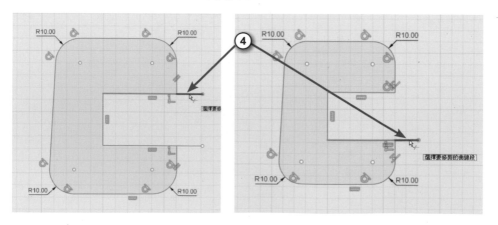

05 完成修剪。

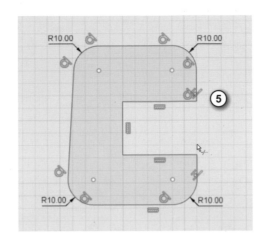

3-2-3 延伸

01 開啟範例檔
〈3-2-3 延伸 .f3d〉。

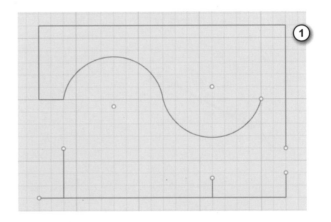

02 點擊工具列上
【修改】→【延伸】
指令，點選圖形的線
段來編輯此草圖，如
右圖。

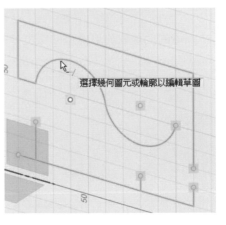

選擇幾何圖元或輪廓以編輯草圖

03 當滑鼠移動到要延伸的線段時，會出現紅色虛擬線段，如下圖所示，此時按下滑鼠左鍵，線段就會往上延伸。

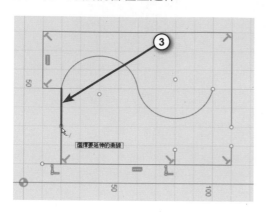
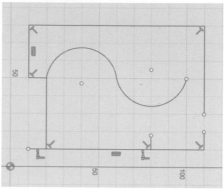

04 點擊圓弧曲線，也可以延伸到線段上，如下圖所示。

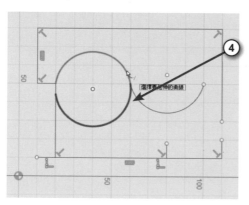
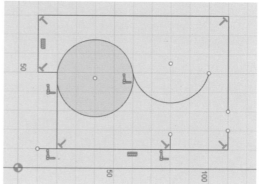

05 延伸線段的功能對於目標是曲線也有作用，如圖所示。

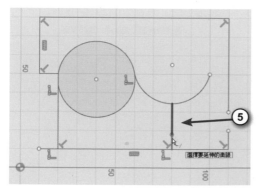
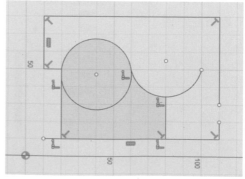

3-2-4 偏移

01 開啟範例檔〈3-2-4 偏移 .f3d〉。

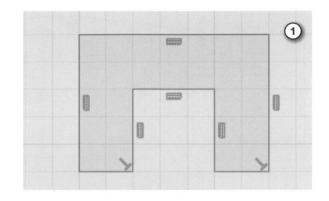

02 點擊【偏移】指令，點選ㄇ字圖形來編輯此草圖。

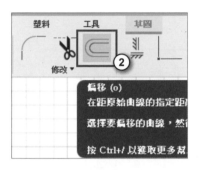

03 點擊要偏移的線段，會出現紅色的模擬偏移的線段。

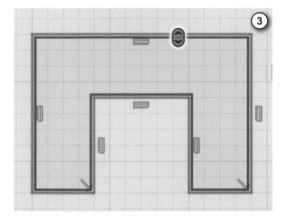

04 拖曳藍色的方向按鈕，可以調整偏移的距離跟方向。

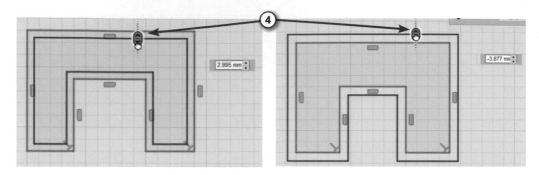

05 也可以在偏移位置中輸入特定數值，例如「5」，完成後按下 Enter 鍵。（輸入 -5 為反方向）

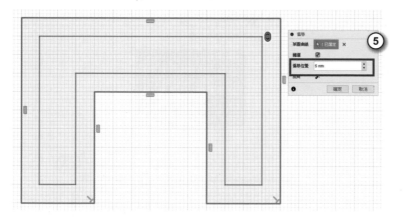

06 完成偏移。

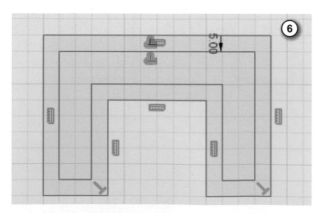

3-2-5 鏡像

01 延續上一個小節檔案來操作。

02 點擊工具列上【新增】→【鏡像】指令。

03 框選要鏡像的物件，如右圖所示，不要選取最上面的線段，否則無法鏡像。

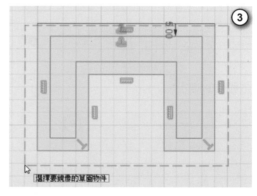

04 在「鏡像」面板，點擊【鏡像線】旁邊的【選擇】，並選擇物件上方的線段當作鏡射線。（線段不能同時當作「對象」與「鏡像線」）

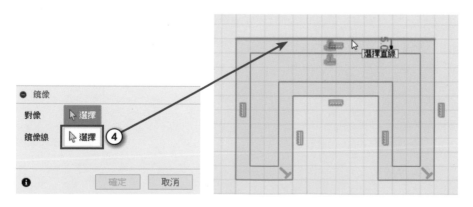

05 在「鏡像」面板上，點擊【確定】按鈕。

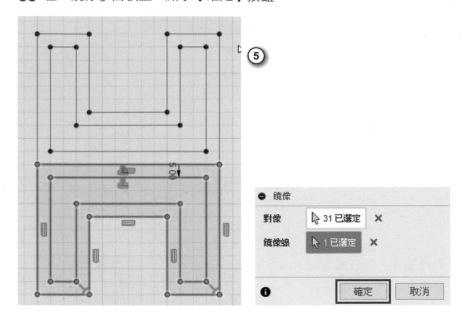

06 完成鏡射。

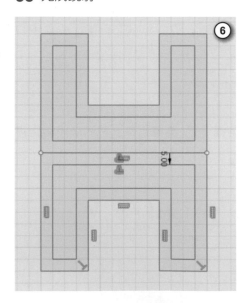

3-2-6 環形陣列

01 開啟範例檔〈3-2-6 環形陣列 .f3d〉。

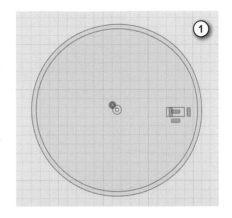

02 在時間軸的草圖特徵上，點擊左鍵兩下編輯草圖。

03 點擊工具列上【新增】→【環形陣列】指令。

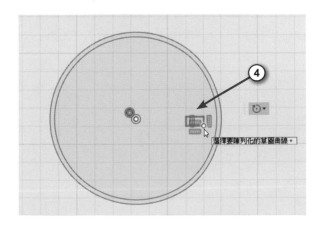

04 選取矩形的四條線段，當作要陣列的對象。

05 在「環形陣列」面板上，點擊中心點旁的【選擇】，再點擊大圓的圓心當作環形陣列的中心點。

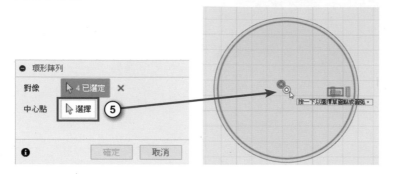

06 在「環形陣列」面板上，點擊角度間距旁的下拉式選單並點選【完全】表示陣列360 度，並在數量的欄位中輸入「12」。

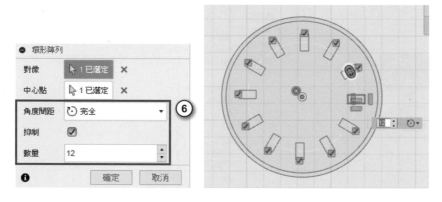

07 在「環形陣列」面板上，點擊角度間距旁的下拉式選單並點選【角度】，並在數量的欄位中輸入「12」，總角度欄位中輸入「180」。（角度 -180 會是反方向）

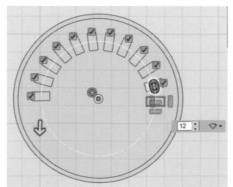

08 在「環形陣列」面板上，點擊角度間距旁的下拉式選單並點選【對稱】，並在數量的欄位中輸入「12」，總角度欄位中輸入「180」，則會由矩形向順、逆時針方向以對稱方式複製，點擊【確定】完成陣列。

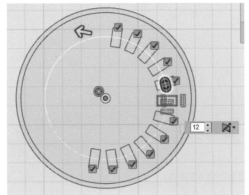

3-2-7 矩形陣列

01 開啟範例檔〈3-2-7 矩形陣列 .f3d〉。

02 在時間軸的草圖特徵上，點擊左鍵兩下編輯草圖。點擊工具列上【新增】→【矩形陣列】指令。

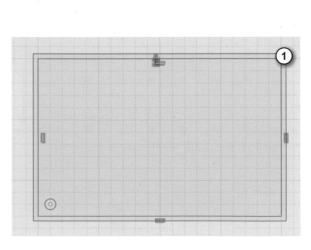

03 選取圓形物件，當作要陣列的對象。

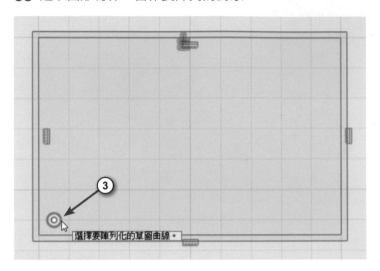

04 在「矩形陣列」面板上，點擊【距離類型】旁的下拉式選單點選【範圍】，並在第一個數量的欄位中（X方向）輸入「10」，第一個距離欄位中輸入「120」。在第二個數量的欄位中（Y方向）輸入「4」，第二個距離欄位中輸入「65」。

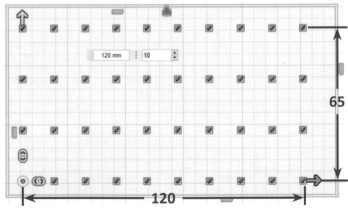

05 在「矩形陣列」面板上，點擊距離類型旁的下拉式選單點選【間距】，並在第一個
數量的欄位中（X 方向）輸入「10」，第一個距離欄位中輸入「14」。在第二個數量的
欄位中（Y 方向）輸入「5」，第二個距離欄位中輸入「17」。點擊【確定】。

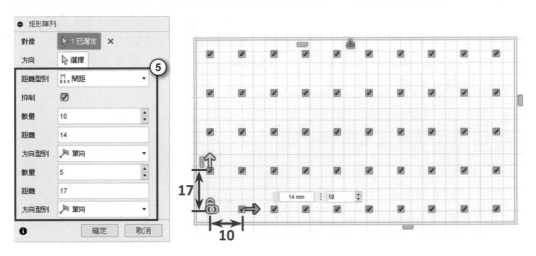

06 完成矩形陣列。

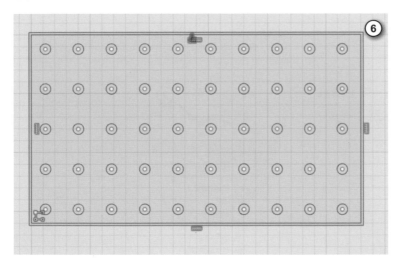

3-3 移動、旋轉

在草圖平面上繪製的圖元，常常需要做調整，包括改變位置或調整角度，Fusion 360 跟 Autocad 一樣，具有精準製圖的強大功能，所以可以利用移動跟旋轉作精確的定位，來調整圖元間正確的幾何關係。

3-3-1 圖元移動指定距離

01 開啟範例檔〈3-3-1 圖元移動.f3d〉。在時間軸的草圖特徵上，點擊左鍵兩下編輯草圖。

02 點選左邊圓形的邊，按下滑鼠右鍵，在右鍵選單中點選【移動/複製】按鈕。

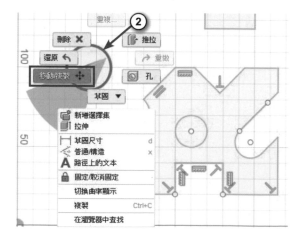

03 拖曳白色箭頭可以移動
圖元的位置，或者在移動欄
位中輸入數值，在移動 / 複製
的面板中，【X 距離】欄位輸
入「25」，【Y 距離】欄位輸入
「-30」。先不要按【確定】。

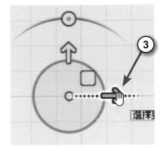

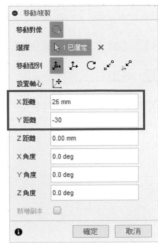

04 繼續點擊圖元中間的圓形的邊。

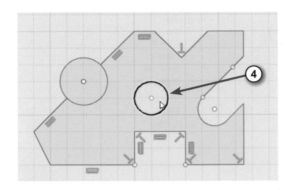

05 在移動 / 複製的面板中，【X 距離】欄位輸入「-40」，【Y 距離】欄位輸入「10」，
完成後按下【確定】。

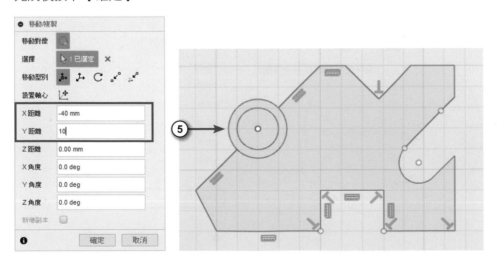

3-3-2 圖元旋轉特定角度

01 延續上一小節範例檔來練習。

02 框選右上方圖元的所有線段，如下圖所示。

03 按下滑鼠右鍵並點選【移動 / 複製】按鈕。

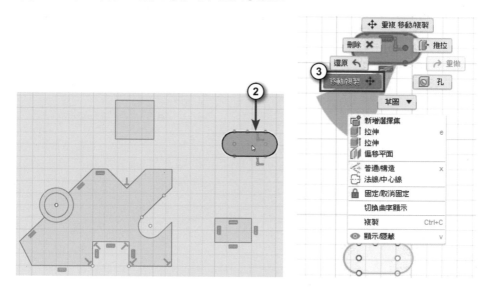

04 旋轉圖元上方的藍色圓形鈕可以直接將圖元旋轉，或者在欄位中輸入要旋轉的數值，在【Z 角度】欄位輸入「45」。

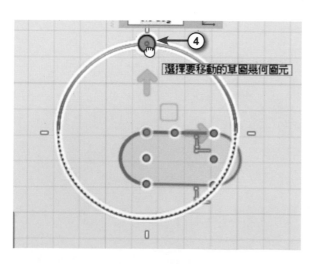

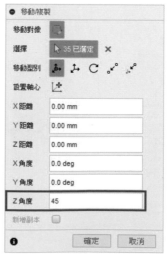

05 完成後按下【確定】。

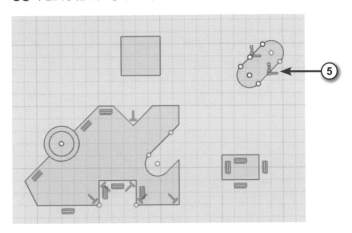

3-3-3 鎖點移動方式

大部分的時候，我們都不會使用輸入移動距離的方式來移動圖元，因為明確的知道圖元間的角度、距離的機會並不多，而最常用的移動方式是使用「鎖點」模式。

01 延續上一小節範例檔來練習。

02 框選右上方圖元的所有線段，按下滑鼠右鍵並點選【移動 / 複製】按鈕。

03 在移動面板中點擊【點對點】按鈕，如下圖所示。

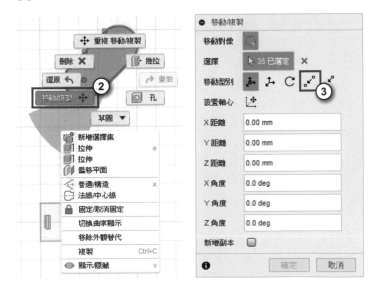

04 點擊要對齊圖元的圓心
點，如右圖所示。

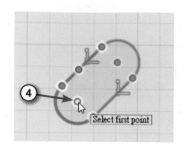

05 接著點擊要對齊目標的
點，如右圖所示。

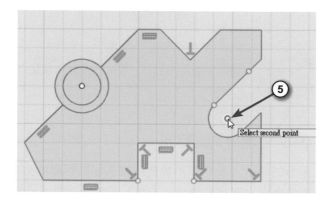

06 按下【確定】按鈕，完成圓心點的移動對齊。

07 框選右下方矩形的所有線段，按下滑鼠右鍵，並點選【移動／複製】按鈕。

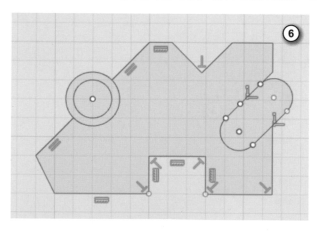

08 在移動面板中點擊【點到點】按鈕，如右圖所示。

09 點擊矩形左下角的點，如右圖所示。

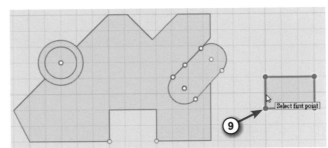

10 再點擊如右圖所示的點。

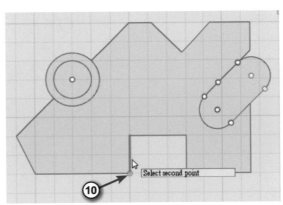

11 按下【確定】結束指令。

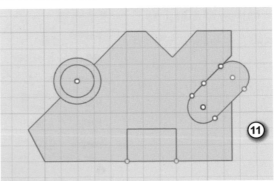

12 框選上方矩形的所有線
段，按下滑鼠右鍵並點選
【移動 / 複製】按鈕。

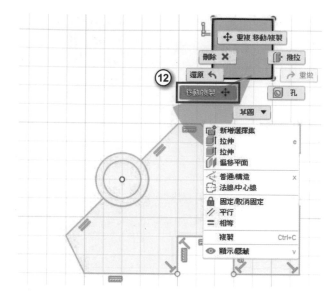

13 按住拖曳上方旋轉的白
色圓環，並旋轉「45」度，
如右圖所示。

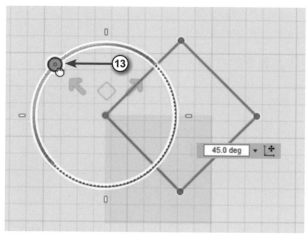

14 在移動面板中點擊【點
到點】按鈕，如右圖所示。

15 點擊圖元下方的點，如右圖所
示。

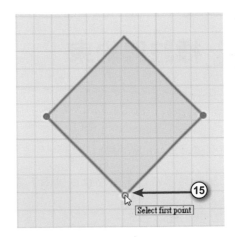

16 再點擊要移動目標的點，如右
圖所示。

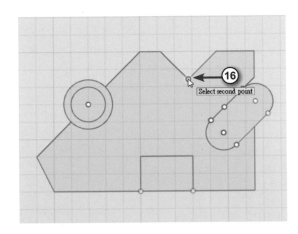

17 按下【確定】按鈕，完成點對
點的移動對齊。

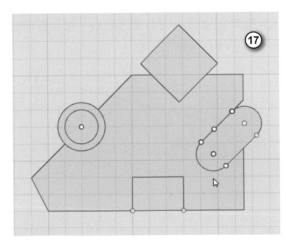

3-4 標註與約束

3-4-1 尺寸標註

01 開啟範例檔〈3-4-1 尺寸標註 .f3d〉。

02 在時間軸的草圖特徵上，點擊左鍵兩下編輯草圖。點擊工具列上【新增】→【草圖尺寸】指令。

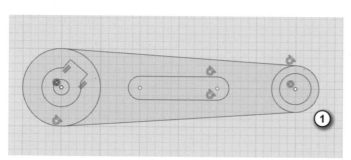

03 點擊左邊最小同心圓的圓心，當作要標註的第一個點，再點擊中央槽狀左邊圓的圓心為要標註的第二個點。

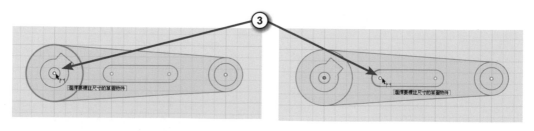

04 滑鼠往下移動到適當的距離
後，按下滑鼠左鍵確認標註的放置
位置，輸入「50」，按下 Enter 鍵。

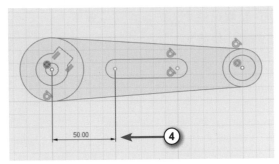

05 依照相同的方式標註出右邊的
兩個尺寸，如圖所示。

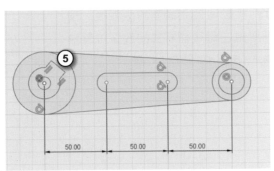

06 接著標出圓心到圓心的總尺寸，在標註的過程中會出現「添加該尺寸將會過約束
草圖」的對話框，請點擊【創建聯動尺寸】按鈕，多出來的從動尺寸可作為參考用。

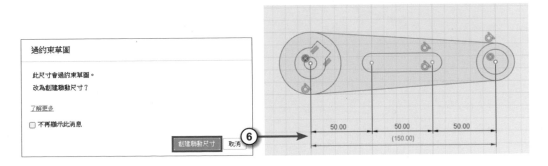

07 點擊工具列上【新增】→【草
圖尺寸】指令，點擊槽狀上方的直
線當做要標註的第一條線。

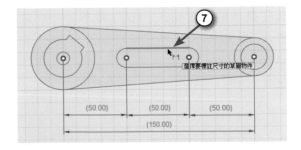

08 點擊槽狀下方的直線當做要標註的第二條線。

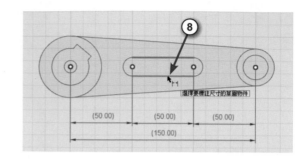

09 移動滑鼠到適當的距離後，按下滑鼠左鍵確認標註的放置位置輸入「15」，按下 Enter 鍵。

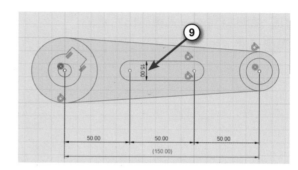

10 點擊左邊同心圓上方的兩條線段，如下圖所示。

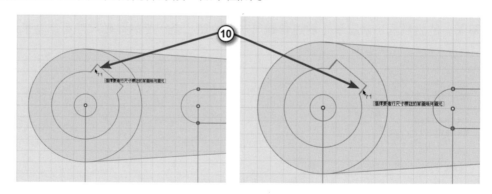

11 按下滑鼠左鍵將標註的尺寸放置在適當的位置輸入「15」，按下 Enter 鍵。

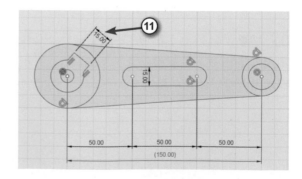

12 點擊工具列上【新增】
→【草圖尺寸】指令，點擊
最外層的圓形圖元，如右圖
所示。

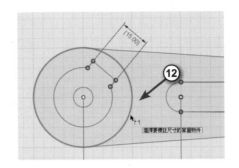

13 按下滑鼠左鍵決定尺寸
放置的位置，輸入「50」並
按下 Enter 鍵，如右圖所示。

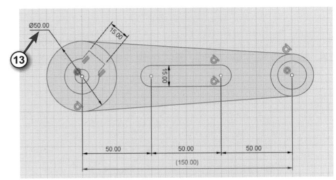

14 依照相同的方式，完成
所有圓的標註。

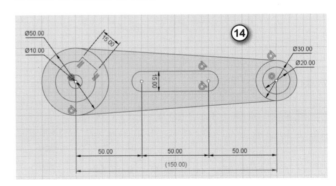

💡 小秘訣

在圓形的標註中，可以任意的選擇半徑或是直徑
的標註，在移動滑鼠點擊確認標註位置前，按下
滑鼠右鍵，在右鍵選單中可以點選【半徑】或
【直徑】的標註。

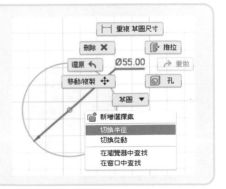

15 在尺寸標註中，若兩條直線不相互平行，Fusion 360 將會自動切換到角度的標示。點擊工具列上【新增】→【草圖尺寸】指令，再點擊上下兩側的兩條線段。

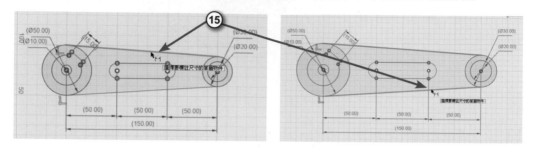

16 按下滑鼠左鍵決定放置的位置，輸入「7.6」並按下 Enter 鍵，如下圖所示。

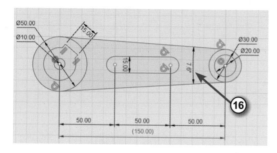

3-4-2 約束功能

01 開啟範例檔〈3-4-2 約束 .f3d〉，檔案中有 5 個圖形。

02 在底下時間軸，在草圖 1 上按右鍵→【編輯草圖】，右側會出現「草圖選項板」。

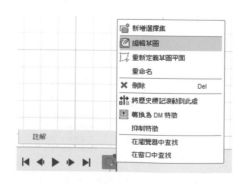

03 點擊左下方要互相垂直的兩條線段，點擊
第一條線後按住 [Shift] 鍵，再點擊第二條線段。

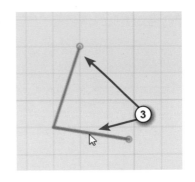

04 點擊【垂直】約束，之後再調整線段的位
置或角度，兩條直線都會保持互相垂直狀態。

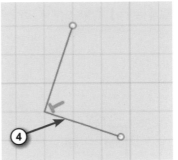

05 再次點擊下方線段，如圖所示，並點擊
「草圖選項板」中的【水平 / 垂直】。

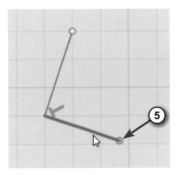

06 線段將會旋轉到水平或垂直的角度，左邊
直線也會因為垂直約束跟著旋轉角度。

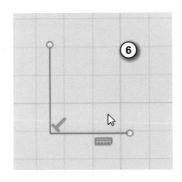

07 點擊右邊四邊形的兩個邊，如圖所示。

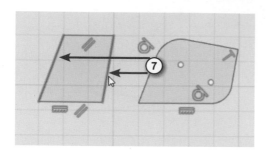

08 點擊【平行】約束，兩條線段將會保持平行狀態。

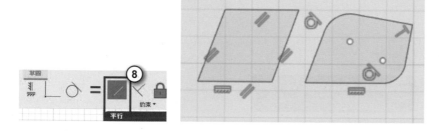

09 點擊【相切】約束。

10 點擊要相切的圓弧，再點擊與圓弧相切的直線，使直線與圓弧相切。

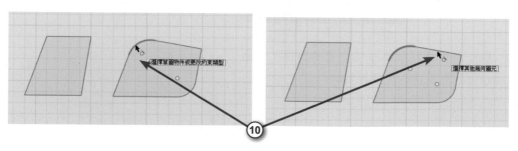

11 再點擊底下的直線與圓弧作相切，完成第一組相切約束。

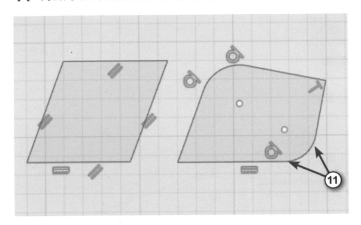

12 接著繼續點擊右上方的直線和圓弧，如圖所示。

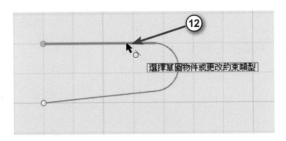
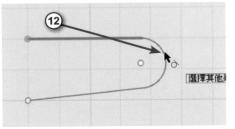

13 再點擊底下的直線與圓弧作相切，完成相切約束。

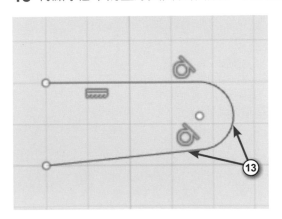

14 點擊【同心】約束。

15 點擊左上方的圓弧線，再點擊圓形。

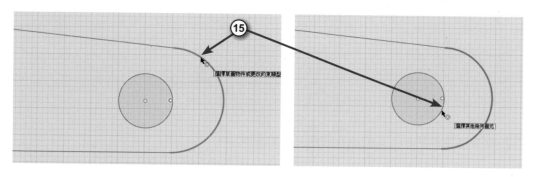

16 圓形的圓心將會約束到圓弧的圓心上，完成同心約束。

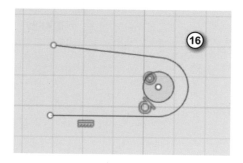

3-4-3 尺寸名稱

01 點擊【新增草圖】指令，選任意平面作為草圖平面。

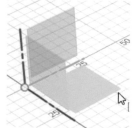

02 點擊【兩點矩形】指令,從原點繪製任意大小矩形。

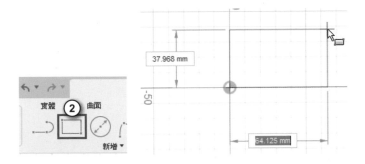

03 點擊【草圖尺寸】指令。

04 選取水平線,在線的上方點擊左鍵放標註。

05 輸入尺寸「50」,按 Enter 鍵兩下。

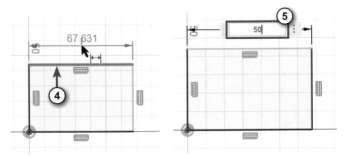

06 滑鼠長時間停留在尺寸,會出現尺寸的名稱 d1。

07 選取右邊線段，以滑鼠左鍵放置尺寸。

08 點擊 50 尺寸會出現 d1，再輸入「/2」，按下 Enter 鍵。

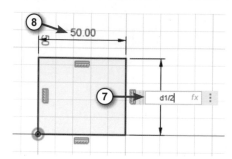

09 完成圖如下，使兩個尺寸產生計算式的關聯。

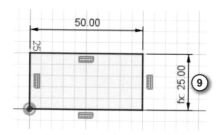

10 滑鼠左鍵點擊 50 尺寸兩下，輸入「100」，按下 Enter 鍵，則另一個尺寸會變成 100/2，也就是 50。

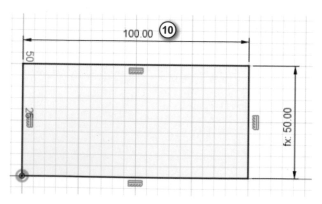

3-5 模擬練習

1. 以公分為測量單位開始新的設計，並使用圖中的尺寸建立草圖。

   (1) 標註尺寸 ① 的尺寸數值為何？

   Ans：21.5

   (2) 草圖完成後的面積是多少？

   Ans：427.474

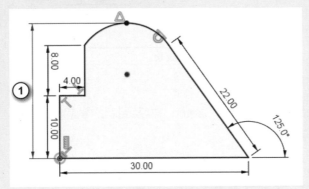

2. 使用「從我的計算機開啟」功能，匯入「Separate Sketch」檔案到新的設計中。請編輯草圖，並套用圖中所示的尺寸，來建立實體模型所需要的輪廓。

   點 ① 到點 ② 的距離是多少？

   Ans：82.307

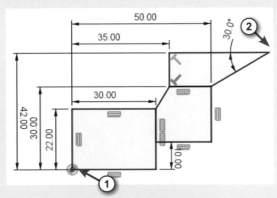

3. 使用「從我的計算機開啟」功能，匯入「Part Sketch」檔案到新的設計中。

  指定了重要尺寸但形狀不正確。在草圖中套用下列變更：

  ① 邊與 ② 邊 – 平行

  ③ 點與 ④ 點 – 水平

  ⑤ 邊與 ⑥ 邊 – 相等

  套用以上的約束後，

  ⑦ 的尺寸數值為何？

  Ans：35.609

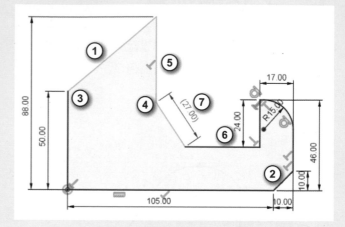

4. 使用「從我的計算機開啟」功能，匯入「Old Sketch」檔案到新的設計中。

  將 ① 的尺寸由 46mm，變更為 38mm。

  此圖元的新面積是多少？

  Ans：4344.686

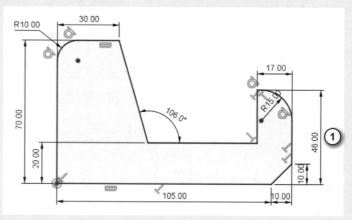

5. 在草圖中繪製矩形時，若想輸入長、寬欄位，可以按下哪個按鍵做切換？

  A. Ctrl 鍵

  B. Shift 鍵

  C. 空白鍵

  D. Tab 鍵

  Ans：D

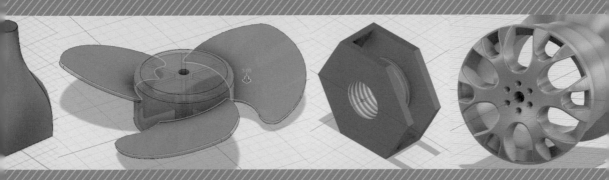

介紹實用的特徵指令，諸如「拉伸」、「旋轉」、「放樣」、「掃掠」等，Fusion 360 擁有歷程紀錄，所有的草圖、特徵都可回去再編輯，修改特徵參數，即可檢視結果，是參數化的設計模式。

CHAPTER 04

視覺化建模模組

4-1 拉伸

4-1-1 拉伸

01 開啟已經上傳到 Fusion 360 專案中的範例檔〈4-1-1 拉伸〉，或點擊【文件】→【開啟】→【從我的計算機開啟】→選擇範例檔〈4-1-1 拉伸 .f3d〉。

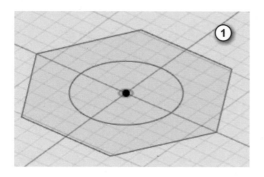

02 點擊【拉伸】指令。

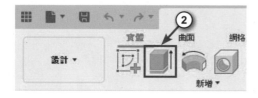

03 點擊箭頭所指之區域，可將此 2D 輪廓往垂直方向長出。

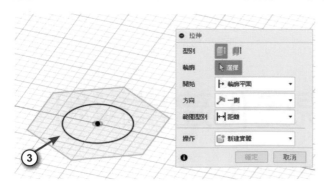

04 按住滑鼠左鍵拖曳藍色箭頭，可決定拉伸高度。可往上或往下拉伸。

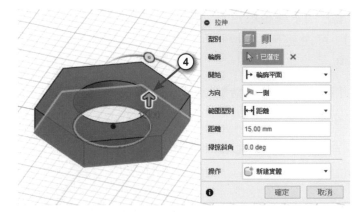

05 也可以直接在【距離】欄位輸入尺寸。

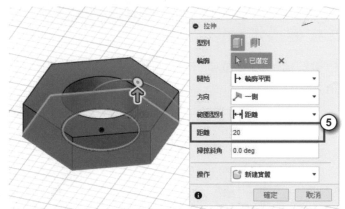

06 將【方向】欄位設定為【兩側】，可往上下兩側分別拉伸不同高度。

07 設定上下兩側的拉伸距離。

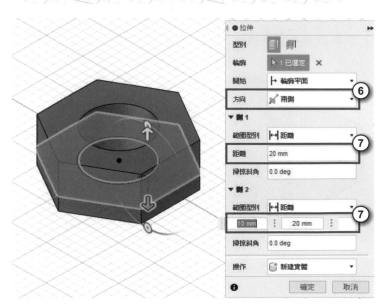

08 將【方向】欄位設定為
【對稱】，可往上下兩側拉伸
相同高度。

09 在【測量】欄位，點擊
【 ▥ （全長）】。

10 設定拉伸的總高度
「20mm」，按下【確定】。

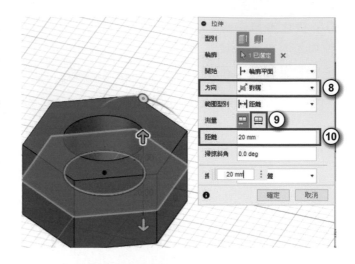

4-1-2 拉伸操作

01 開啟範例檔〈4-1-2 拉伸
操作 .f3d〉。

02 點擊【拉伸】指令。

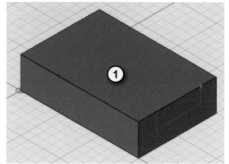

03 點擊箭頭所指示的面。

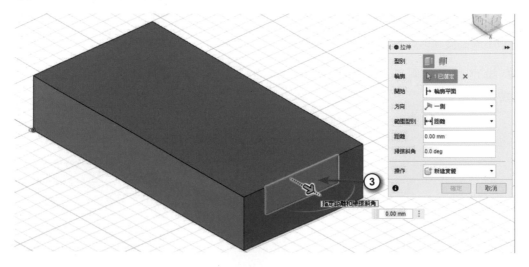

04 往左拖曳藍色箭頭。

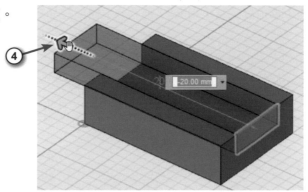

05 在【操作】欄位設定為【合併】，原有的實體會跟拉伸實體合併。

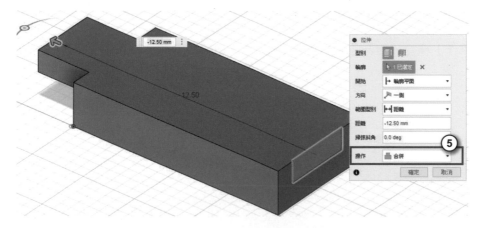

06【操作】欄位設定為【剪切】，原有的實體會減去拉伸實體。

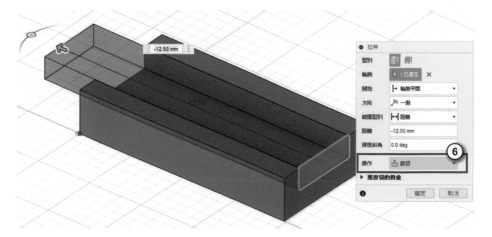

07 在【操作】欄位設定為【相交】，原有的實體與拉伸實體相交，留下相交的實體。

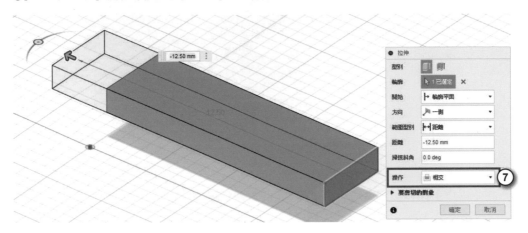

08 在【操作】欄位設定為【新建實體】，產生一個新的實體，點擊【確定】完成拉伸。

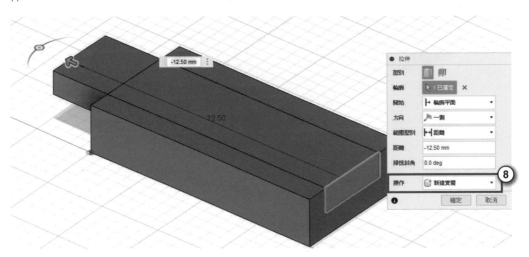

09 在瀏覽器下方，點擊【實體】左側的三角形，展開實體分類。

10 點擊【實體 2】左側的燈泡，可以隱藏或顯示實體。

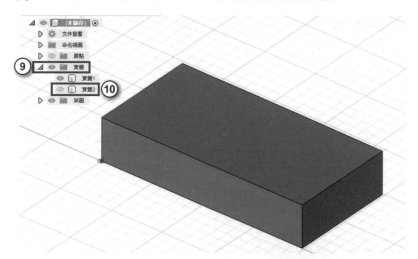

4-1-3 拉伸範圍

01 開啟範例檔〈4-1-3 拉伸範圍 .f3d〉，在方塊前面與底部有兩個草圖。

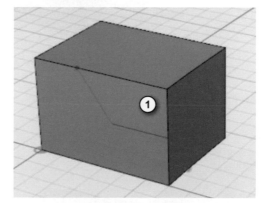

02 點擊【拉伸】指令。

03 點擊箭頭所指示的面。

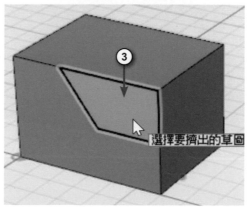

選擇要擠出的草圖

04 【範圍】欄位設定【全部】，拉伸範圍可貫穿實體。

05 點擊【 ▓ （反向）】，可以切換拉伸的方向。

06 點擊【確定】，完成拉伸。

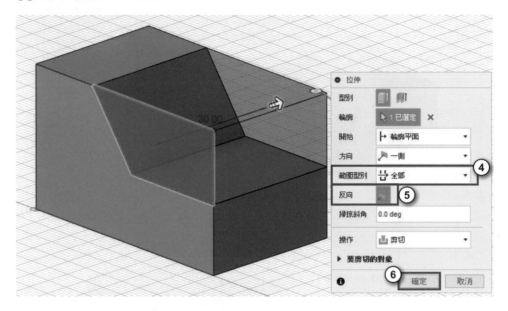

07 點擊【拉伸】指令。點擊底部的矩形草圖。

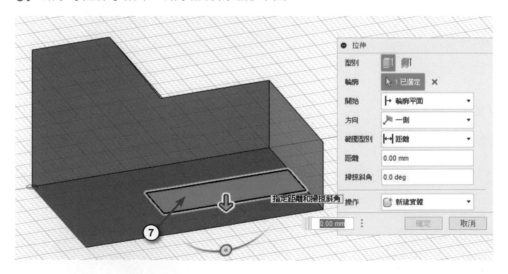

08 在【範圍】欄位設定【目標對象】。

09 點擊箭頭指示的面，可拉伸到選取的面，且相鄰面也會一起挖除。

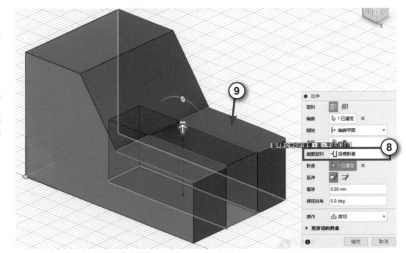

10 點擊【 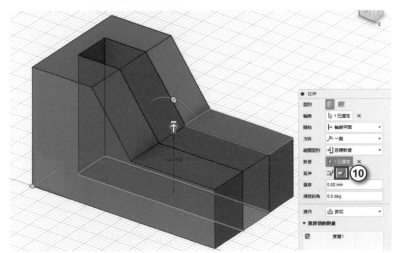 （延伸面）】，拉伸到選取的面。點擊【確定】完成拉伸。

11 完成圖。

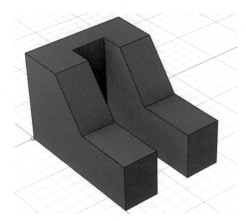

4-2 旋轉

01 開啟範例檔
〈4-2 旋轉 .f3d〉。

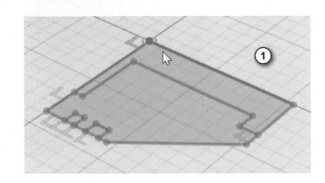

02 點擊【新增】面板。

03 再點擊【旋轉】指令。

04 可以看到【輪廓】欄位的【選擇】按鈕是藍色，表示目前可以選擇要旋轉的輪廓。

05 點擊草圖中間的區域，如圖所示。

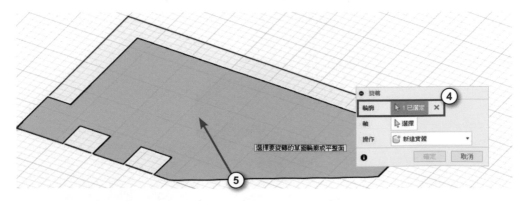

06 點擊【軸】的【選擇】按鈕。

07 點擊右側的線段作為旋轉軸。

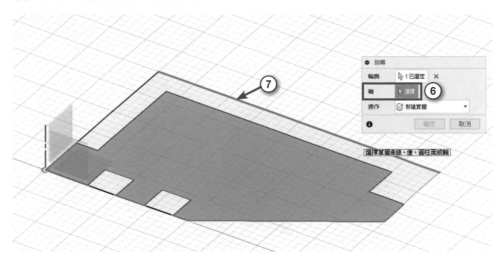

08 將類型設定為【角度】，可以設定要旋轉的角度，角度輸入「120」。

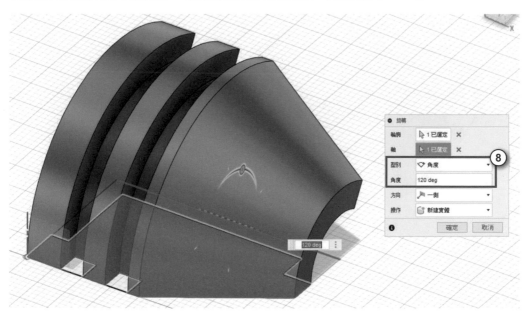

09 輸入負的角度「-120」，可改變旋轉方向。

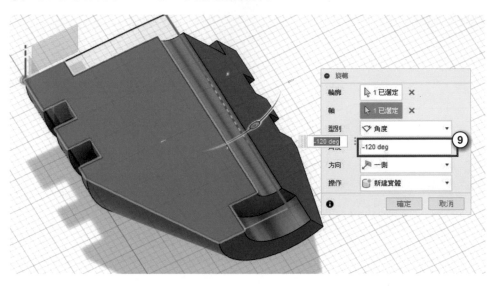

10 將類型設定為【到】，可以指定點或平面來決定旋轉角度。

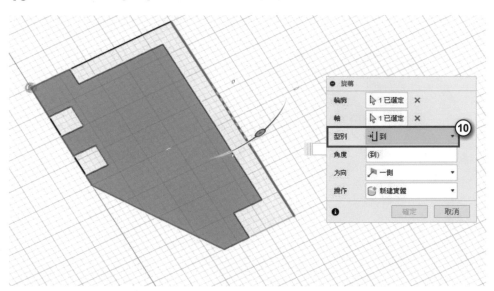

11 在左側的瀏覽器下方，點擊【原點】左側的三角形展開，並點選【XY 平面】決定旋轉角度。

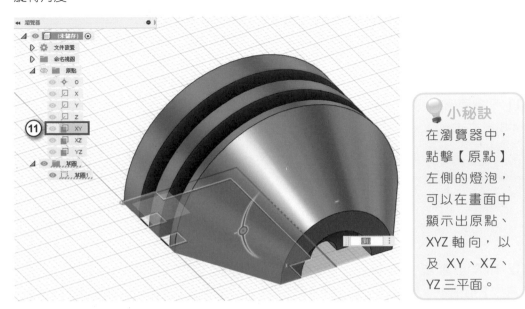

💡 小秘訣

在瀏覽器中，點擊【原點】左側的燈泡，可以在畫面中顯示出原點、XYZ 軸向，以及 XY、XZ、YZ 三平面。

12 將【類型】設定為【完全】，可旋轉 360 度。

13 點擊【確定】，完成輪廓的旋轉。

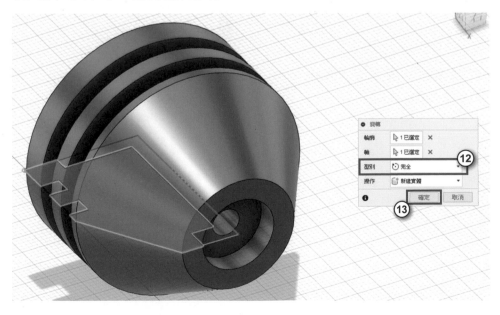

4-3 掃掠

4-3-1 單路徑掃掠

01 開啟範例檔
〈4-3 掃掠 .f3d〉。

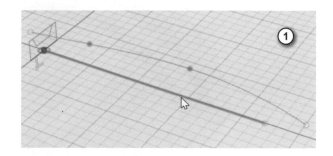

02 點擊【新增】面板→
【掃掠】指令。

03 點擊如圖所示圖形區
域，作為掃掠的輪廓。

04 點擊【路徑】的【選擇】按鈕。

05 點擊直線作為掃掠路徑。

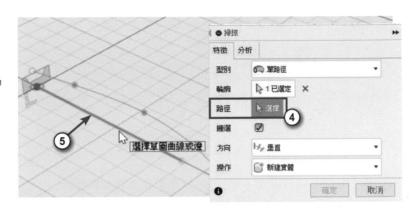

06 此時輪廓會沿著路徑掃掠為實體。

07 點擊路徑欄位右側的打叉按鈕，可以取消之前所選取的路徑。

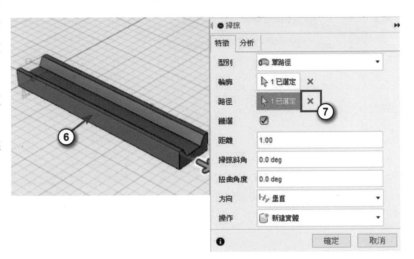

08 點擊曲線作為新的掃掠路徑。

09 點擊右上角 ViewCube 的【上】，切換至上視圖。

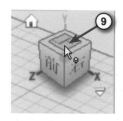

10 將【方向】欄位設定【垂直】，則輪廓會垂直於路徑。

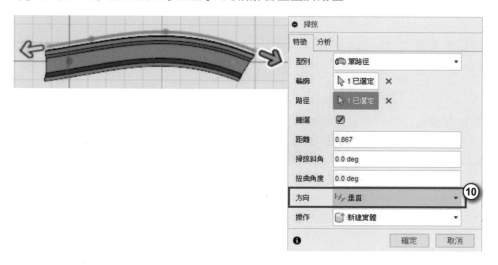

11 將【方向】欄位設定【平行】，則輪廓會平行，不會改變角度。

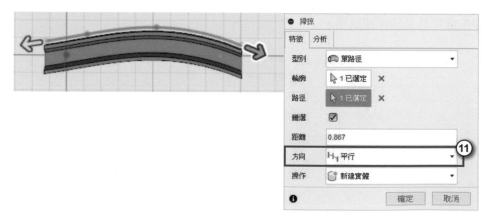

12 拖曳藍色箭頭，可以修改掃掠的距離。

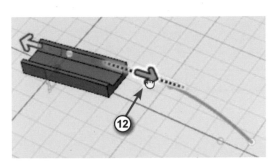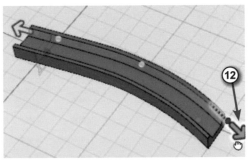

💡 小秘訣

路徑與輪廓相交，可得到最佳結果。若不相交則會出現警告。

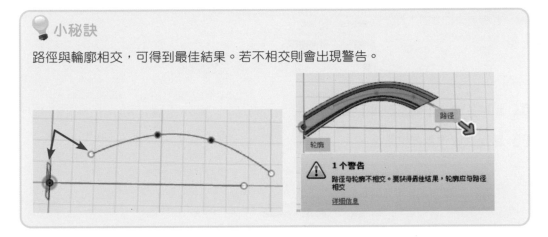

4-3-2 引導軌道

01 延續上一小節的檔案，按下 Ctrl + Z 復原，回到還未製作掃掠前。點擊【新增】面板→【掃掠】指令。

02 將【類型】欄位改為【路徑 + 引導軌道】。

03 點擊如圖所示的圖形區域，作為掃掠輪廓。

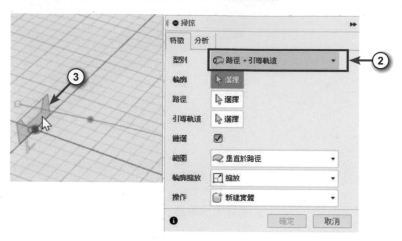

04 點擊【路徑】的【選擇】按鈕。

05 點擊直線作為掃掠路徑。

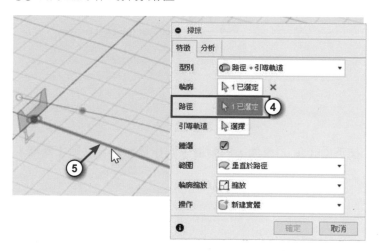

06 點擊【引導軌道】的【選擇】按鈕。

07 點擊曲線作為引導線，控制掃掠的造型。

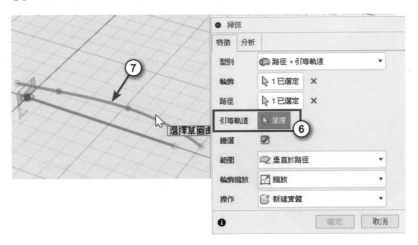

08 將【輪廓縮放】欄位設定【縮放】，則輪廓的寬度與高度會隨著路徑改變。

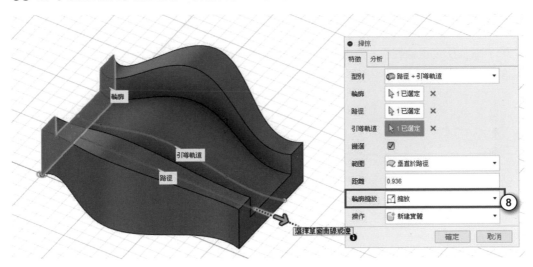

09 將【輪廓縮放】欄位設定【拉伸】，則輪廓只有寬度改變，高度不變。

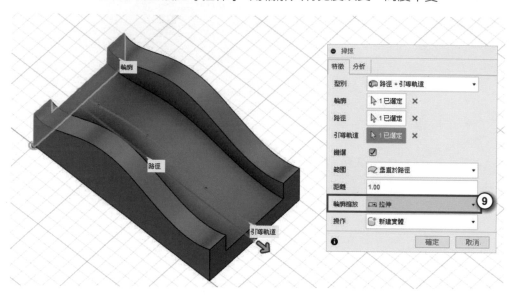

💡 **小秘訣**

以下圖為例，直線較長，曲線較短。路徑與引導軌道掃掠時，只能掃掠至較短的線段末端。

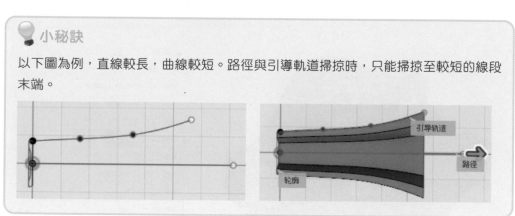

4-4 放樣（混成）

4-4-1 放樣（混成）

01 開啟範例檔〈4-4-1 放樣（混成）.f3d〉，有三個不同的形狀。

02 點擊工具列上【新增】→【放樣】指令，放樣指令可以將多個 2D 輪廓連接起來，變成 3D 模型。

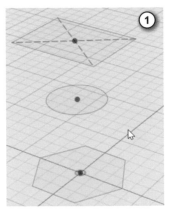

03 依序點擊多邊形、圓形、矩形，輪廓會依照點擊的順序來連接。

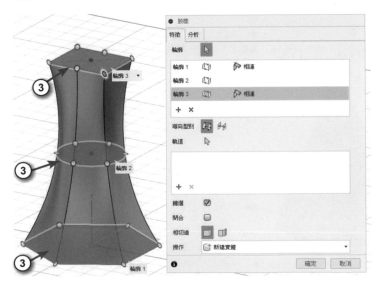

04 選 取 輪廓 1 的邊界條件由【自由】（Connected）變 更 為【方向】。

05 可 以 修 改【出射權值】與【出射角度】來設定強度與角度。

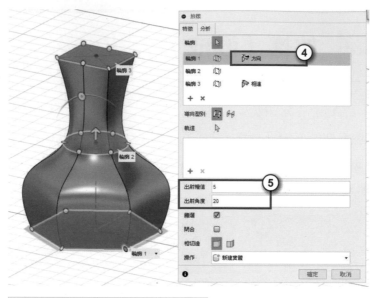

06 選取輪廓 3，點擊打叉按鈕，刪除輪廓 3。

07 再點擊矩形的端點，作為新的輪廓 3。

08 點 擊【確定】，完成放樣指令。

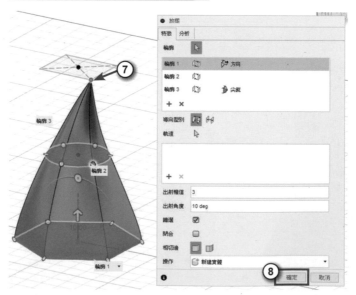

4-4-2 混成軌道

01 開啟範例檔〈4-4-2 混成軌道 .f3d〉。

02 點擊工具列上【新增】→【放樣】指令。

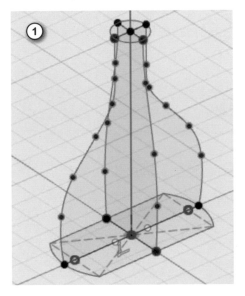

03 點擊上下兩個輪廓。

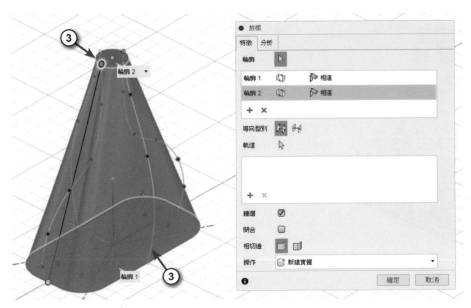

04 點擊軌道右側的【 ⌖ 】。

05 再點擊中間四條曲線，點擊【確定】完成放樣。

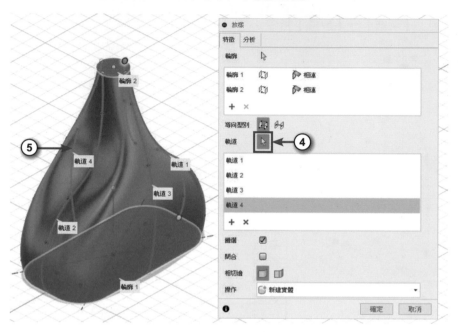

06 完成圖。

4-5 加強筋（肋）

01 開啟範例檔〈4-5 加強筋 .f3d〉。

02 點擊工具列上【新增】→【加強筋】指令。

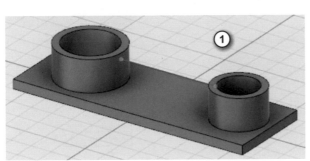

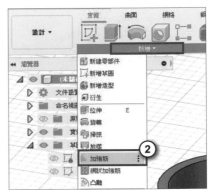

03 點擊中間的直線，作為肋的曲線形狀。

04 拖曳藍色箭頭，調整肋的寬度，點擊【確定】，完成肋的製作。

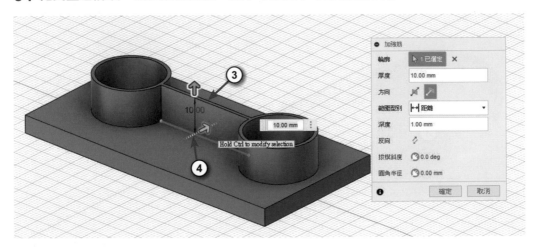

4-6 網狀加強筋（肋）

01 開啟範例檔〈4-6 網狀加強筋 .f3d〉。

02 點擊工具列上【新增】→【網狀加強筋】指令。

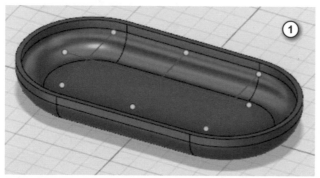

03 點選交叉的四條草圖線段。

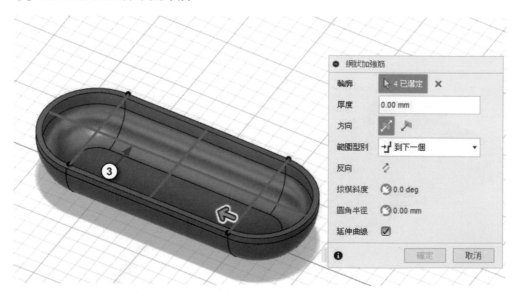

04 拖曳藍色箭頭可以決定肋的厚度，或是直接在厚度欄位輸入數值。按下【確定】，
完成肋的製作。

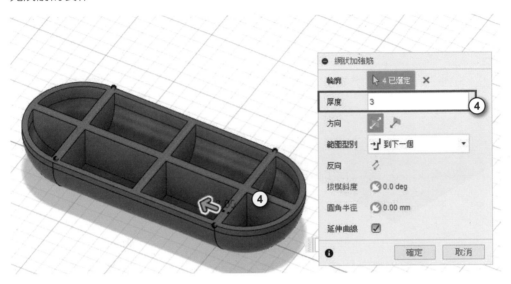

4-7 孔與螺紋

4-7-1 孔

01 開啟範例檔〈4-7-1 孔 .f3d〉。點擊【孔】指令。

02 點擊方塊上方的面來放置孔。

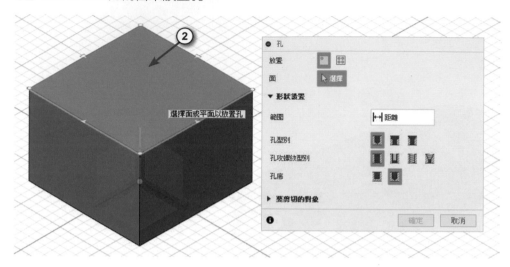

03 拖曳孔中心點可以移動位置，孔邊緣的按鈕可以調整孔大小，拖曳下方白色箭頭可以調整深度。也可在右側視窗設定深度、直徑數值。

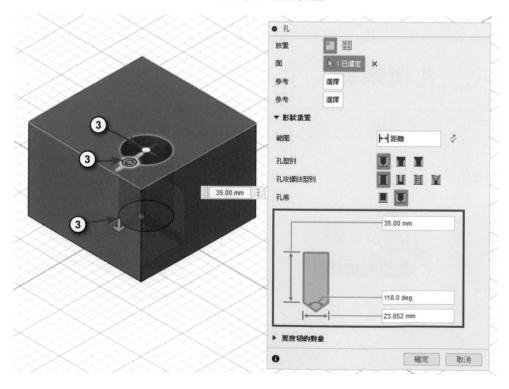

04 點擊孔的中心點，使中心點變藍色。

05 點擊 XY 與 YZ 基準面，如圖所示，使孔的中心點通過這兩個基準面。

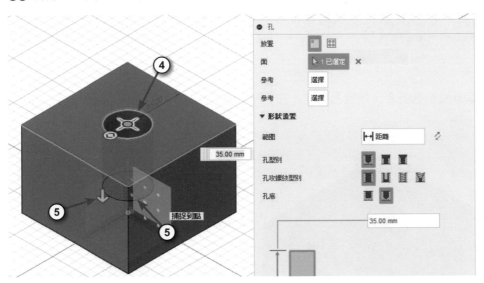

06 也可點擊兩側的邊線作為參考，輸入參考線至孔中心的距離。點擊【確定】完成孔製作。

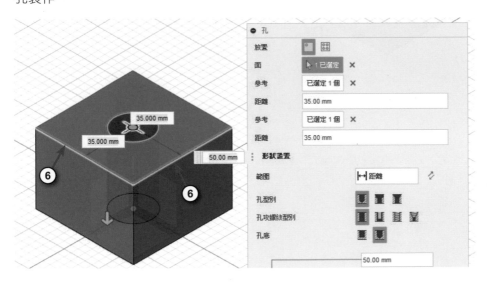

07 點擊【孔】指令。

08 點擊方塊右側的面，放置孔。在「孔」面板中，【孔類型】選擇【沉頭孔】。

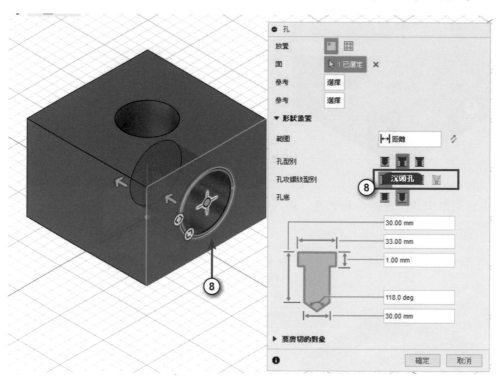

09 此時孔邊緣會多一個按鈕與白色箭頭，可以控制沉頭孔孔徑與深度。也可直接在右側視窗輸入數值。

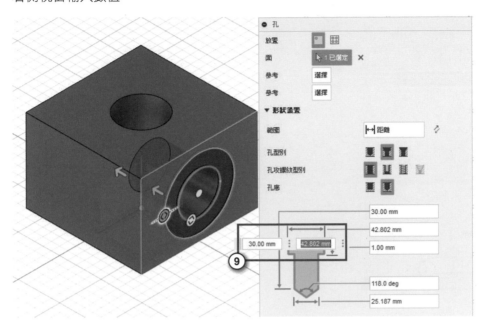

10 點擊【終止方式】→選擇【全部】，可使孔完全貫穿實體。點擊【確定】完成孔製作。

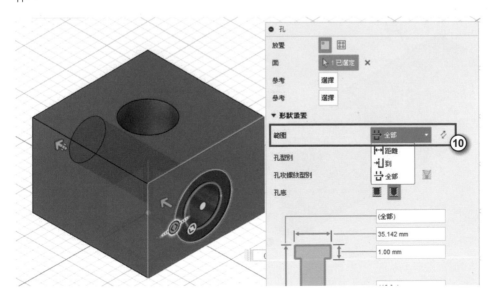

4-7-2 螺紋

01 開啟範例檔〈4-7-2 螺紋 .f3d〉。點擊工具列上【新增】→【螺紋】指令。

02 點擊圓孔面，就可在圓孔加上螺紋。

03 勾選【全長】選項，則整個圓孔範圍皆有螺紋。

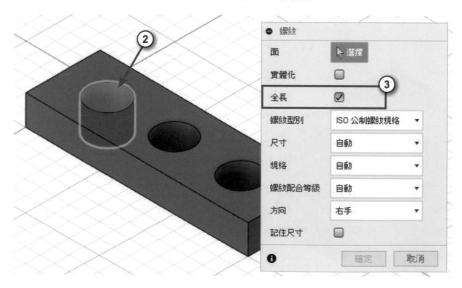

04 螺紋大小與規格可自行設定，點擊【確定】完成螺紋。

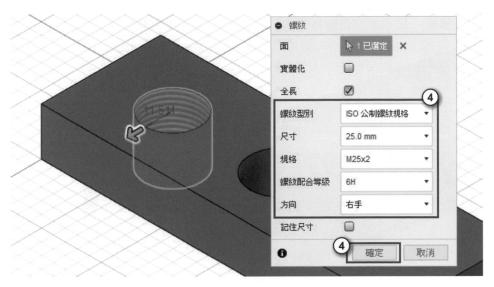

05 點擊工具列上【新增】→【螺紋】指令。點擊第二個圓孔靠近上方的位置，則螺紋長度由上往下計算。

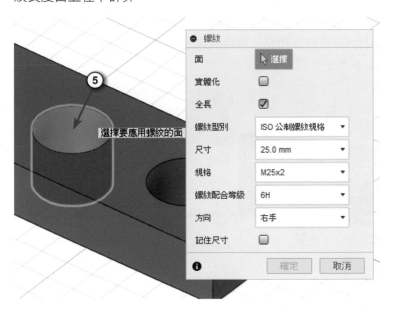

06 取消勾選【全長】，可設定需要螺紋長度。

07 勾選【實體化】，使螺紋由圖案變為實體。點擊【確定】完成螺紋。

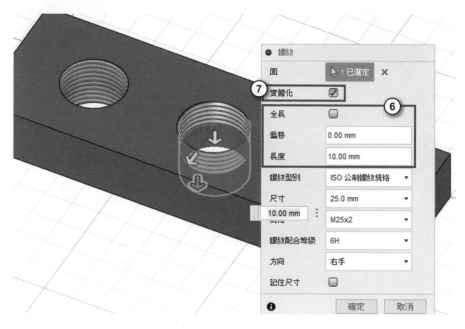

08 點擊工具列上【新增】→【螺紋】指令。環轉畫面檢視方塊底部，點擊第三個圓孔靠近下方的位置，則螺紋長度由下往上計算。

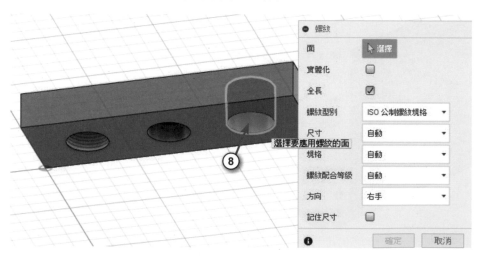

09 取消勾選【全長】，可設定需要螺紋長度。

10 勾選【實體化】，使螺紋由圖案變為實體。點擊【確定】完成螺紋製作。

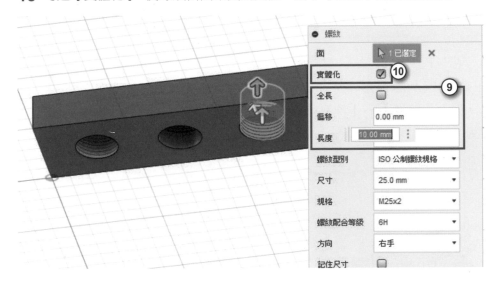

11 完成圖。

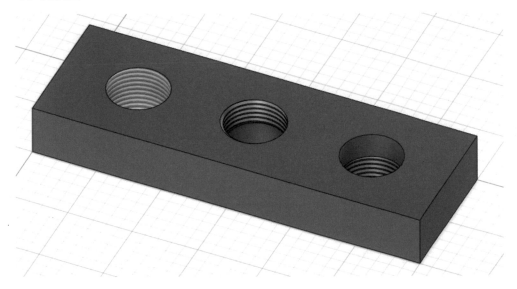

4-8 矩形陣列

4-8-1 矩形陣列

01 開啟範例檔〈4-8-1 矩形陣列 .f3d〉。
點擊工具列上【新增】→【陣列】→
【矩形陣列】指令。

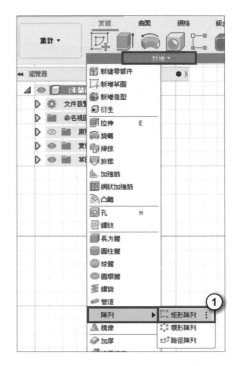

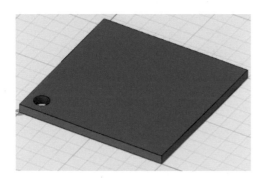

02【型別】選擇【面】。

03 點選圓孔面，作為要陣列的對象。

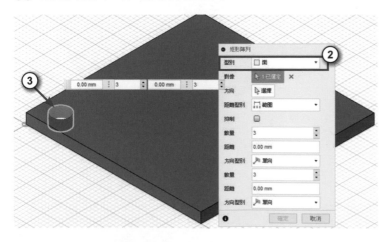

04 點擊【方向】右側的【選擇】。

05 點擊下方與左側邊線，來決定陣列方向，如圖所示。陣列方向最多可以選兩條線。

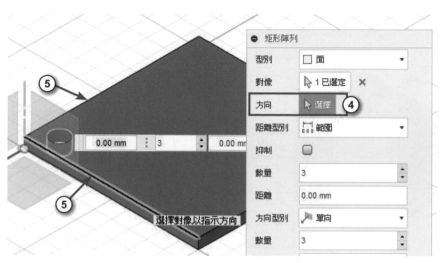

06【距離型別】設定為【範圍】，可以設定總陣列距離。

07 往右拖曳藍色箭頭，決定陣列範圍。

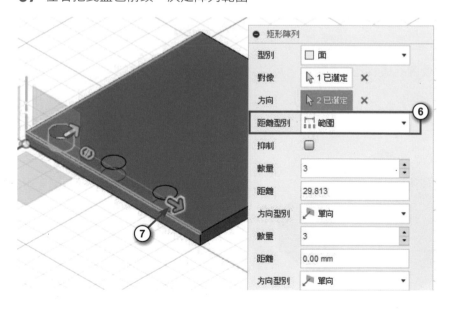

08 往上拖曳藍色箭頭，決定另一個方向的陣列範圍。

09 也可以在右邊的【距離】欄位，輸入「40」。【數量】輸入「3」。點擊【確定】按鈕，完成矩形陣列。

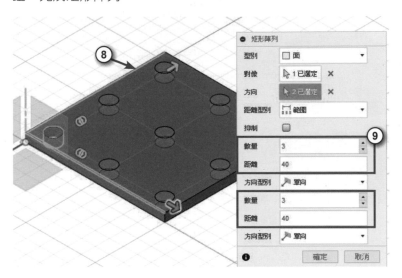

10 點擊【測量】指令，來測量陣列距離。

11 點擊左右兩個圓孔邊或是圓孔的面，可以測量出兩個圓心的距離是 40。按下 Esc 鍵結束測量。

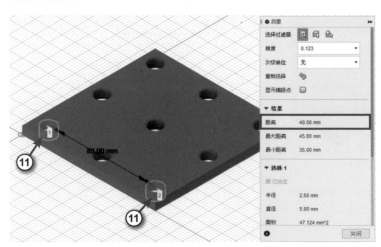

12 在下方的時間軸，左鍵點擊陣列特徵
兩下，編輯矩形陣列特徵。

13 點擊【距離類型】設定為【間距】，可以設定每個陣列之間距。

14 在【距離】欄位輸入「20」，點擊【確定】關閉陣列視窗。

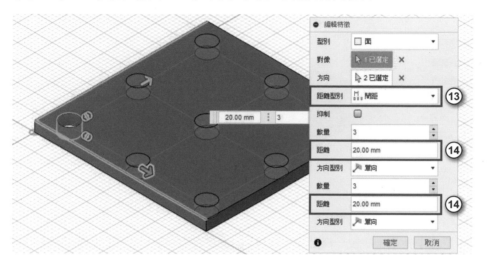

15 點擊【測量】指令，來測量陣列距離。

16 點擊左邊兩個圓孔邊或是圓孔的面，可以測量出間距為 20。按下 Esc 鍵結束測量。

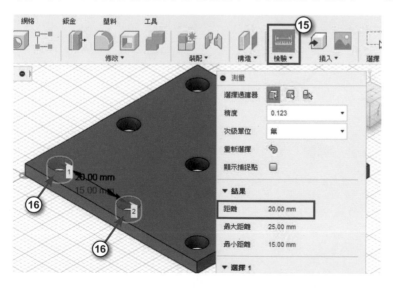

4-8-2 陣列實體

01 延續上一小節的檔案。點擊【新增草圖】，點擊下方的 XZ 平面。

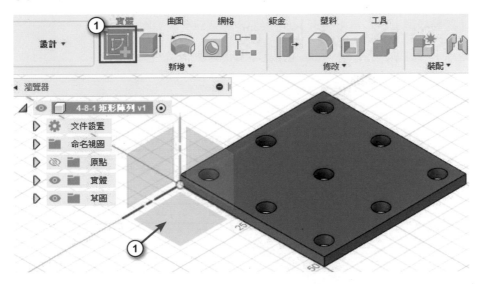

02 點擊【直線】指令，繪製一條直線，之後可作為陣列方向。按下【完成草圖】。

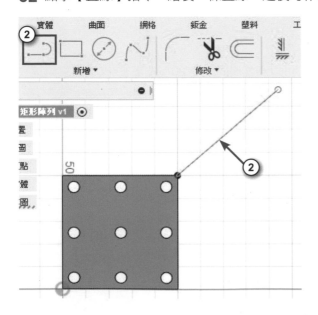

03 點擊工具列上【新增】→【陣列】→【矩形陣列】指令。【陣列類型】設定為【陣列實體】。

04 點擊模型，作為陣列對象。

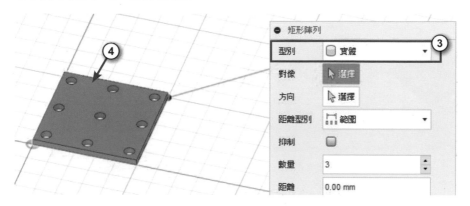

05 點擊【方向】右側【選擇】按鈕。

06 點選直線，按住滑鼠左鍵拖曳藍色箭頭，控制陣列距離。

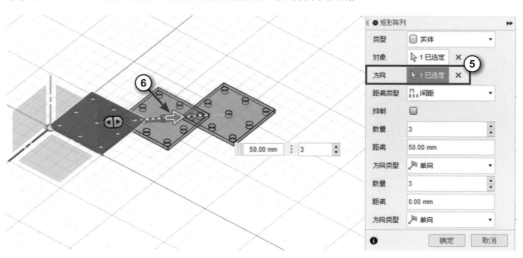

07 也可以在【距離】欄位輸入「75」。點擊【確定】完成陣列。

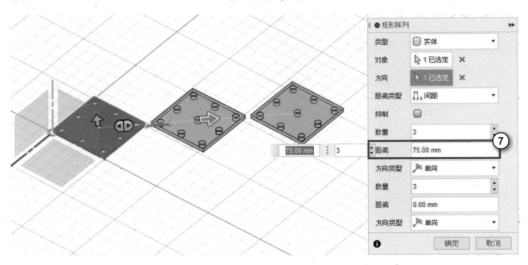

08 完成圖。

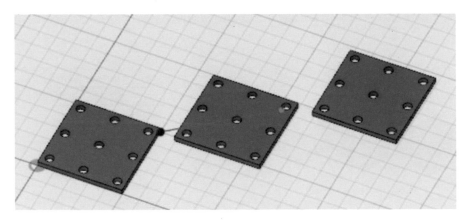

4-8-3　陣列特徵

01　開啟範例檔〈4-8-3 陣列特徵 .f3d〉。點擊工具列上【新增】→【陣列】→【矩形陣列】指令。

02【型別】設定為【特徵】。

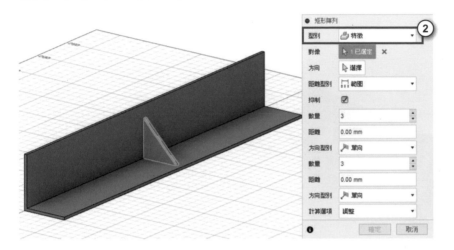

03　在下方時間軸，選擇肋的特徵，作為要陣列的特徵。

04　點擊【方向】右側的【選擇】按鈕，點擊如圖示之邊線。

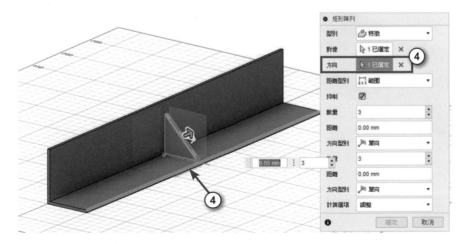

05 點擊【方向型別】設定為【對稱】。

06【數量】欄位輸入「5」。

07 往右拖曳藍色箭頭，調整陣列範圍。點擊【確定】完成陣列。

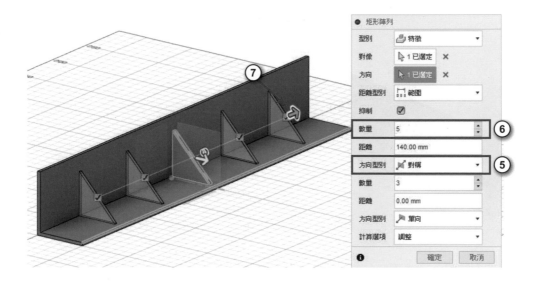

08 完成圖。

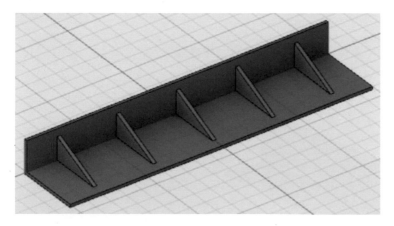

4-9 環形陣列

01 開啟範例檔〈4-9 環形陣列 .f3d〉。點擊工具列上【新增】→【陣列】→【環形陣列】指令。

02 點擊【型別】設定為【特徵】。

03 點選下方時間軸的【孔特徵】，作為要陣列的特徵。

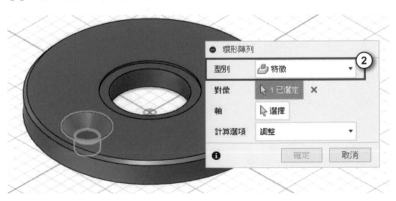

04 點擊【軸】右側【選擇】按鈕。

05 點選圓柱側面，使孔繞著圓柱中心軸做環形陣列。（中心軸可以選擇圓柱面、軸、邊、草圖線段）

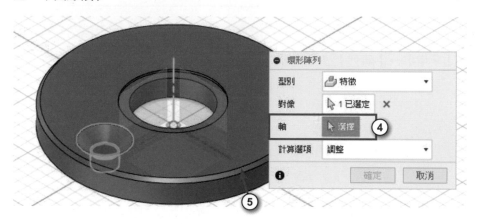

06 【類型】選擇【完全】，表示陣列 360 度。【數量】欄位輸入「6」。點擊【確定】完成環形陣列，如右圖。

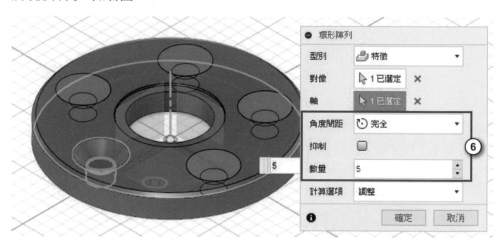

07 在下方時間軸，左鍵點擊陣列特徵兩下，編輯特徵。

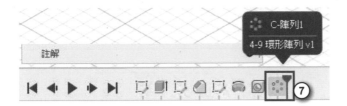

08【型別】選擇【角度】，可輸入總角度為「180」度。【數量】欄位輸入「3」。點擊
【確定】完成環形陣列，如右圖。

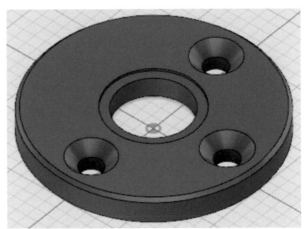

4-10 路徑陣列

01 開啟範例檔〈4-10 路徑陣列 .f3d〉。點擊工具列上【新增】→【陣列】→【路徑陣列】指令。

02【型別】選擇【特徵】。

03 點擊下方時間軸的【拉伸特徵】，作為要陣列的特徵。

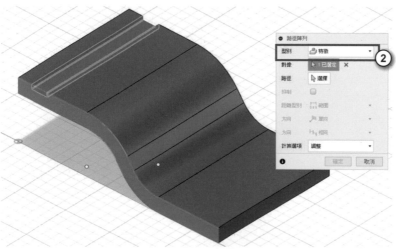

04 點擊【路徑】右側的【選擇】按鈕。

05 點擊模型的邊線，如圖所示。

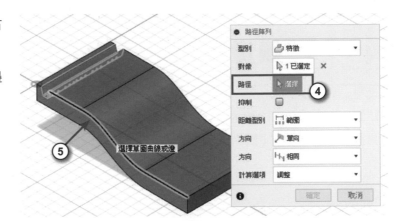

06 往右拖曳藍色箭頭，調整陣列範圍。

07 【數量】欄位輸入「8」，點擊【方向】欄位選擇【路徑方向】，使陣列的特徵方向會隨著路徑而改變。點擊【確定】完成路徑陣列。

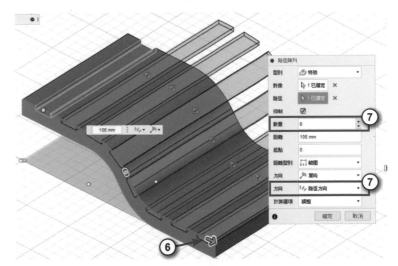

08 完成圖。

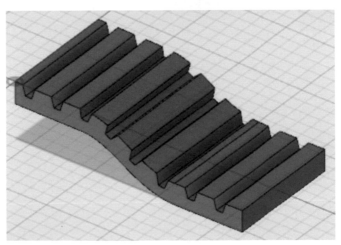

4-11 鏡像

01 開啟範例檔〈4-11 鏡像 .f3d〉。點擊
工具列上【新增】→【鏡像】指令。

02 類型選擇【特徵】。

03 選擇拉伸、圓角、拉伸共三個特徵。

04 點擊鏡像平面的【選擇】。

05 選取 YZ 平面作為鏡像平面，按下鏡像視窗的【確定】完成鏡像。

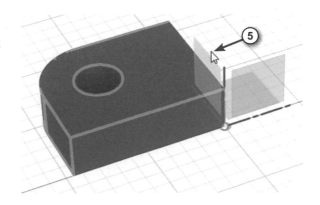

06 點擊工具列上【新增】→【鏡像】指令。類型選擇【實體】。

07 選取兩個實體。

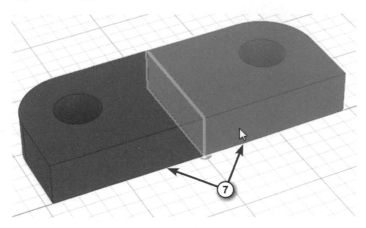

08 操作設定為【合併】，點擊鏡像平面的【選擇】。

09 選取 XZ 平面作為鏡像平面，按下鏡像視窗的【確定】。

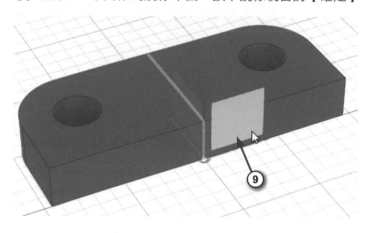

10 完成圖，沒有合併的實體，可以使用第五章的合併實體工具來合併。

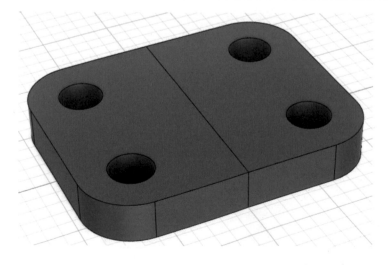

4-12 凸雕

01 開啟範例檔〈4-12 凸雕.f3d〉。點擊工具列上【新增】→【凸雕】指令。

02 選取四邊形作為草圖輪廓。

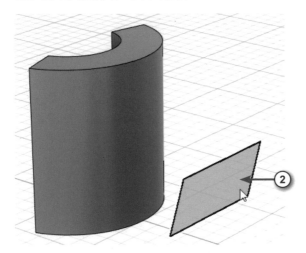

03 點擊【面】右側的【選擇】，選取一個面，此時已有凸雕效果。

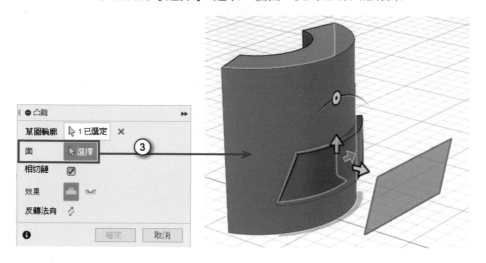

04 效果切換為【凹陷】。

05 拖曳箭頭與圓盤，可以改變位置與角度。

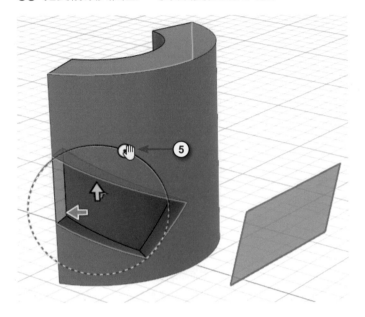

06 在視窗中按下【確定】，完成如下圖。

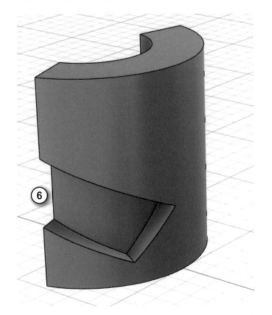

4-13 基準平面

一般情況下，繪製草圖時，必須在平面上繪製，若想要繪製草圖的位置或角度沒有平面存在，可以自行建立虛擬的基準平面，同理，也可以建立基準軸或基準點。平面的用途不限於繪製草圖，也可以用來分割實體、鏡射…等。

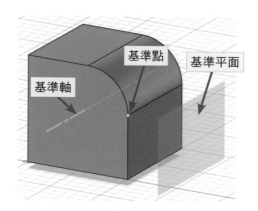

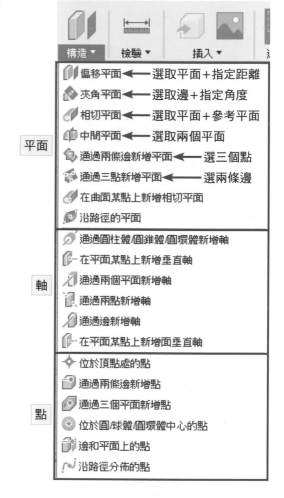

平面	偏移平面 ← 選取平面＋指定距離
	夾角平面 ← 選取邊＋指定角度
	相切平面 ← 選取平面＋參考平面
	中間平面 ← 選取兩個平面
	通過兩條邊新增平面 ← 選三個點
	通過三點新增平面 ← 選兩條邊
	在曲面某點上新增相切平面
	沿路徑的平面
軸	通過圓柱體/圓錐體/圓環體新增軸
	在平面某點上新增垂直軸
	通過兩個平面新增軸
	通過兩點新增軸
	通過邊新增軸
	在平面某點上新增面垂直軸
點	位於頂點處的點
	通過兩條邊新增點
	通過三個平面新增點
	位於圓/球體/圓環體中心的點
	邊和平面上的點
	沿路徑分佈的點

點擊工具列的【構造】，上方為建立平面的指令，中間為建立軸的指令，下方為建立點的指令。本書只挑選幾個指令來操作，因為操作概念相同，有一些指令的名稱就是建立平面的條件，只要滿足條件就可以建立平面，例如【通過兩條邊創建平面】表示建立平面的條件就是選取兩條邊。

4-13-1 偏移平面

01 開啟範例檔〈4-13 基準平面 .f3d〉。

02 點擊【偏移平面】指令。選取一個面，拖曳箭頭往右移動，或輸入「20」距離。

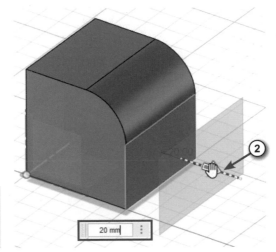

20 mm

03 也可以在視窗中輸入距離。

04【範圍】選擇【目標對象】。

05 點擊一個點，使平面通過這一個點，按下【確定】建立平面。

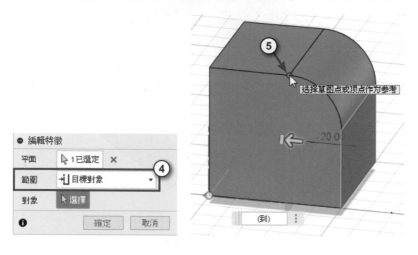

06 拖曳平面的點或邊，可以調整平面大小。

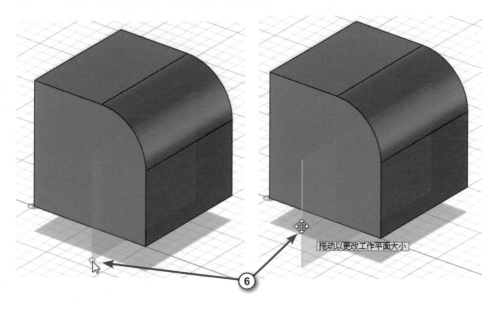

07 在瀏覽器，會出現【構造】的資料夾，可以點擊關閉平面的眼睛來隱藏平面。

4-13-2 夾角平面

01 點擊【構造】→【夾角平面】。

02 選取一條邊。

03 輸入夾角，按下 Enter 鍵兩下完成。

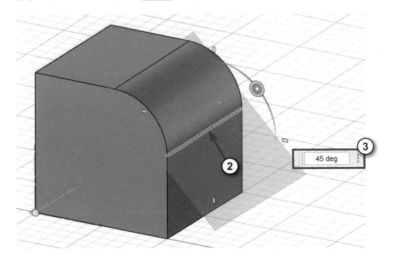

4-13-3 相切平面

01 點擊【構造】→【相切平面】。

02 選取圓弧面，作為要相切的面。

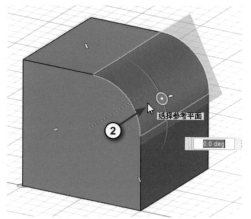

03 選另一個面作為參考平面，控制基準平面的相切角度。

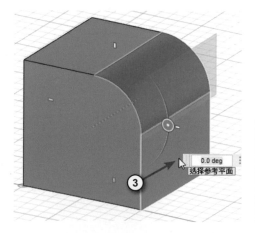

4-13-4 通過圓柱體 / 圓錐體 / 圓環體創建軸

01 點擊【構造】→【通過圓柱體 / 圓錐體 / 圓環體創建軸】。

02 選取一個圓弧面，在圓心建立一條軸。

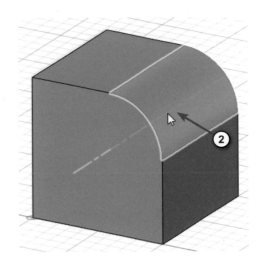

03 在瀏覽器，點擊眼睛來隱藏軸。

4-13-5 在平面某點上創建垂直軸

01 點擊【構造】→【在平面某點上創建垂直軸】。

02 選取一個平面和一個點，使基準軸與平面垂直，且通過這個點。

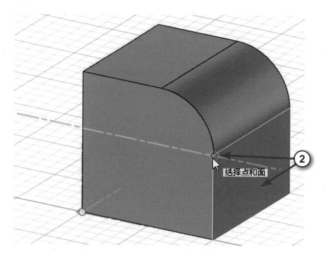

選择点和面

4-13-6 通過兩條邊創建點

01 點擊【構造】→【通過兩條邊創建點】。

02 選取兩條邊，在兩條邊的相交處建立點。

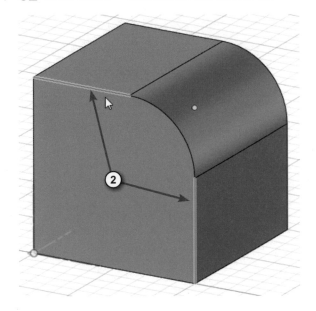

4-13-7 沿路徑分布的點

01 點擊【構造】→【沿路徑分布的點】。

02 選取一條邊。

03【距離類型】選擇【成比例】，【距離】輸入「0.5」，表示把邊分成 0 到 1 的比例，在 0.5 比例的位置建立點，也就是中點。

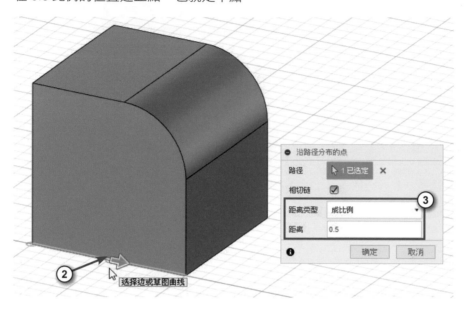

04【距離類型】選擇【物理】，【距離】輸入「25」，表示依箭頭方向距離 25 的位置建立點。

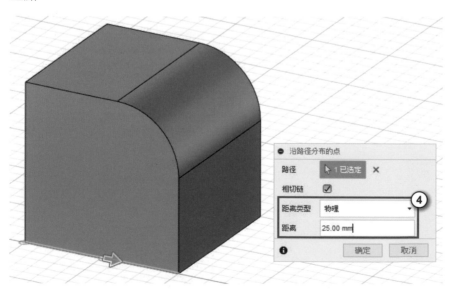

4-13-8 測量

01 點擊【測量】指令，測量兩個點的距離是否為 25。

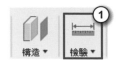

02 【選擇過濾器】設定【 ⬚ 】，表示可以選取面、邊或點來測量尺寸。

03 選取一個點與一條邊，測量出距離為 25。

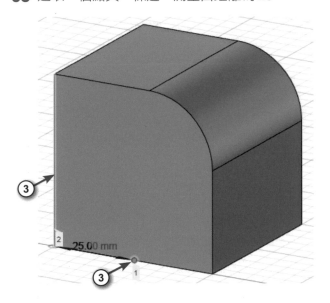

04 在測量視窗中，若選取點，會顯示點的 XYZ 座標位置，若選取邊，則顯示邊的長度，而結果則顯示兩者的距離或角度…等。

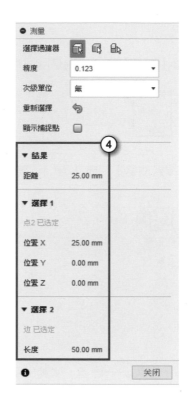

05 在空白處點擊左鍵取消選取，或點擊【 ↩ 】重新選擇。

06 若選取面，則顯示面的面積與周長。

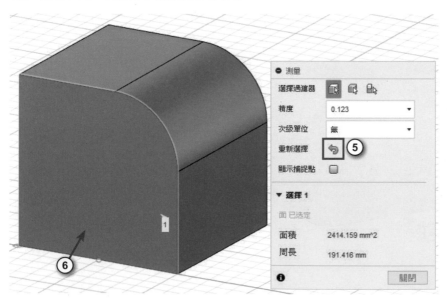

07 在瀏覽器下，在實體 1 按下滑鼠右鍵→【屬性】，可以查詢此實體的質量、密度…等屬性。

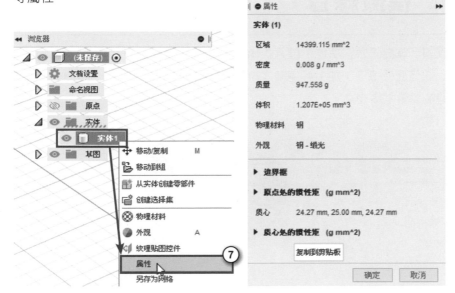

08 在瀏覽器下，在零件名稱的位置按下滑鼠右鍵→【屬性】。

09 點擊【物理】左側的【∨】，可以查詢零件的質量…等屬性。

4-14 模擬練習

1. 使用「從我的計算機開啟」功能，匯入「Handle」檔案到新的設計中。
   圖中選取的 2 條邊緣線處，加上等距離 1.5mm 的「倒角」。
   此時該模型的質量是多少？
   Ans：534.157

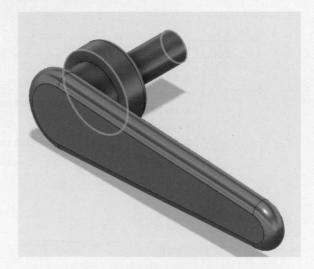

2. 使用「從我的計算機開啟」功能，匯入「Nozzle」檔案到新的設計中。
   建立如圖所示的陣列特徵。
   在這上方的面設置四個卡榫溝
   360 度環狀陣列後，零件新增三
   個孔後的質量是多少？
   Ans：281.274

3. 使用「從我的計算機開啟」功能，匯入「Handle」檔案到新的設計中。

在圖片所示的選取面上，加入由外往內延伸 29mm 長的 M15x1.5 螺紋，並將之實體化。

加入螺紋後的模型質量是多少？

Ans：530.172

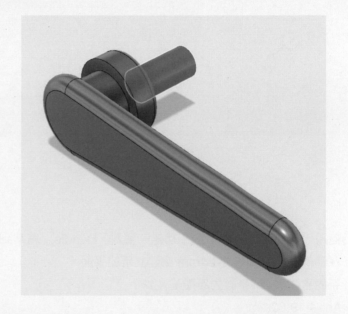

4. 使用「從我的計算機開啟」功能，匯入「Object Sketch」檔案到新的設計中。

將草圖輪廓，以「拉伸」功能拉伸 20mm 的實體。

該實體模型的質量是多少？

Ans：350.003

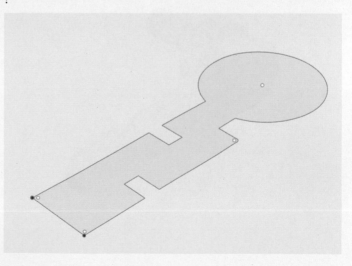

5. 使用「從我的計算機開啟」功能，匯入「Separate Sketch」檔案到新的設計中。

將三個草圖輪廓，以 ① 邊緣線為軸，旋轉 360 成型。

該實體模型的質量是多少？

Ans：1961.264

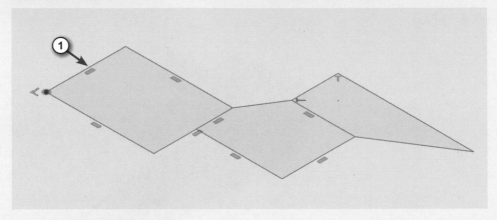

6. 使用「從我的計算機開啟」功能，匯入「Handle」檔案到新的設計中。

在零件藍色平面右方 24mm 處建立新的平面，

新的平面與 XY 平面的距離是多少？

Ans：19.00mm

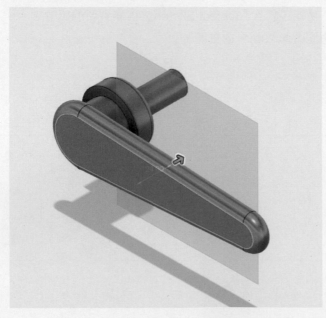

7. 使用「從我的計算機開啟」功能，匯入「Handle」檔案到新的設計中。

在兩個選取的面的中央處，建立新的平面。

新的平面與 XY 平面的距離是多少？

Ans：6.50mm

8. 使用「從我的計算機開啟」功能，匯入「Dust Catcher」檔案到新的設計中。

在此要加上突起的特徵，來加強表面的握感。

• 請開啟 Path 和 Section 輪廓草圖

• 使用輪廓 ① 與路徑 ②，進行「掃掠」成型

• 並與 Grip 進行合併

實體 Grip 更新後的質量是多少？

Ans：22.194

9. 使用「從我的計算機開啟」功能，匯入「Dust Catcher」檔案到新的設計中。
   在此要加上凹陷的特徵，來加強表面的握感。
   - 請開啟 Path 和 Section 輪廓草圖
   - 使用輪廓 ① 與路徑 ②，進行「掃掠」成型
   - 並與主體進行剪切實體 Grip
   實體 Grip 更新後的質量是多少？

   Ans：22.153

10. 使用「從我的計算機開啟」功能，匯入「Dust Catcher」檔案到新的設計中。
    若要完成設計，請連接本體的面 ① 和面 ②。面 ① 為「輪廓 1」應以「平滑
    （相連）」的方式連接。
    面 ② 為「輪廓 2」應該與本體「相切」，權值設
    定為 3.0 。
    此實體與 Grip、Grip Top 合併後
    Grip 的質量是多少？

    Ans：30.328

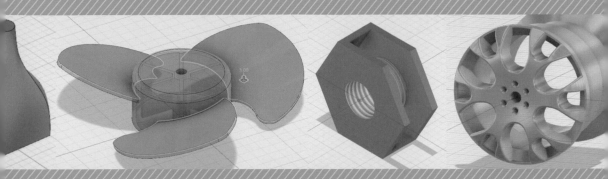

繪製2D輪廓需要修剪線條，繪製3D模型也需要編輯外型，來製作更符合模型需求的細節。本章將介紹「圓角」、「薄殼」、「合併」等編輯功能，來增加模型細節，設計變更更是建模重要的一環。

CHAPTER 05

所見即所得的模型
編輯模式

5-1 推拉

5-1-1 拉伸與圓角

01 執行工具列上的【新增草圖】。

02 點擊「XY」平面，將視角切換到 XY 平面上。

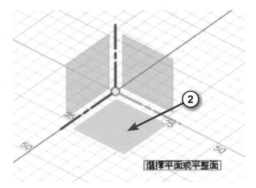

03 執行工具列上的【兩點矩形】。

04 點擊原點，任意的繪製一個矩形，如右圖所示。

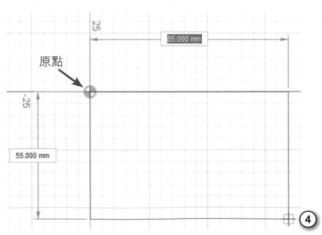

05 點擊畫面右下方的【完成草圖】，如右圖所示。

06 執行工具列上的【推拉】。

07 選取繪製好的矩形。

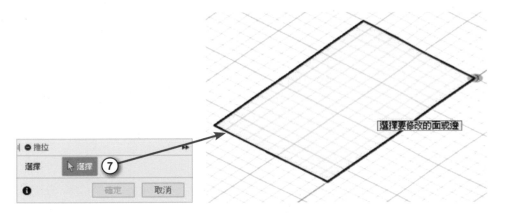

08 直接拖曳矩形上方的藍色箭頭，可以將矩形往上拉伸。（推拉指令可以根據選取面、邊或圓柱面，來判斷要使用拉伸、圓角或偏移面的指令。）

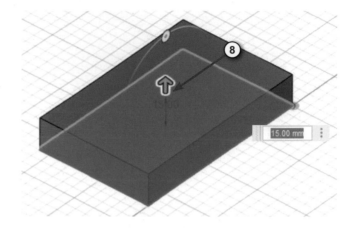

09 完成後按下【確定】。

10 執行工具列上的【推拉】。

11 點選矩形的邊，如圖所示。

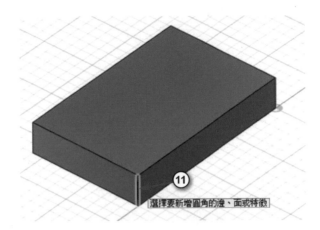

12 在藍色箭頭位置按住滑鼠左鍵往內拖曳，可以決定圓角的半徑。

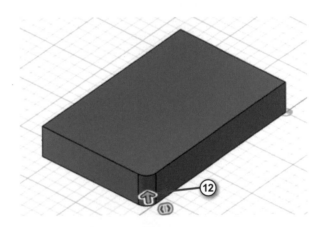

13 按住 Ctrl 鍵並點擊矩形的另外一條邊，如圖所示。

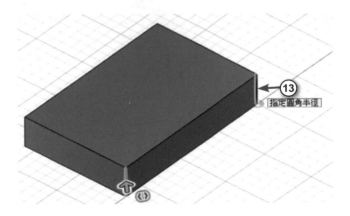

14 在藍色箭頭位置按住滑鼠左鍵往內拖曳，可以將選起來的兩條邊一起做圓角。

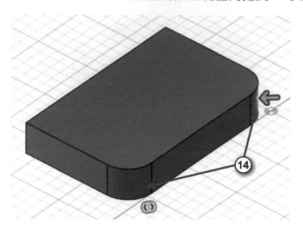

15 完成後按下【確定】按鈕，利用推拉指令完成圓角。

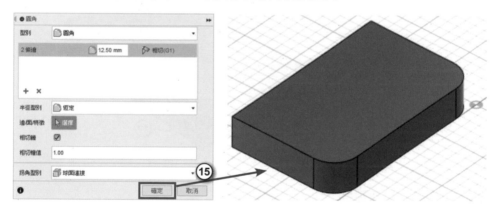

16 執行工具列上的【推拉】。

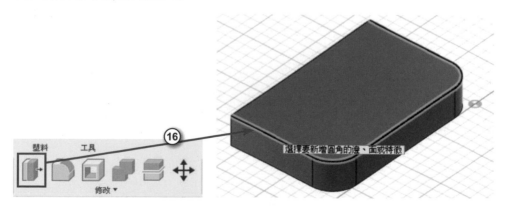

17 點擊矩形上方的邊，此時上方所有的邊都會被選到，是因為有勾選【相切鏈】。

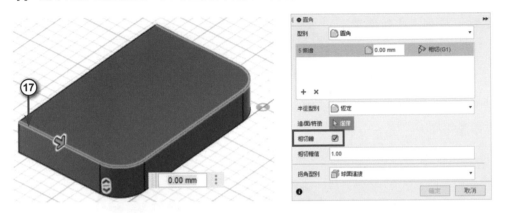

18 按住滑鼠左鍵拖曳藍色箭頭，上方的整條邊都會變成圓角。

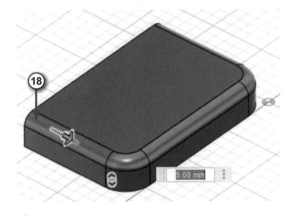

19 完成後按下【確定】，完成圓角指令。

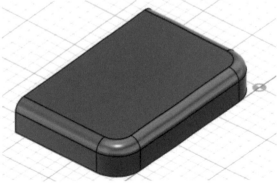

5-1-2 偏移

01 點擊工具列上【新增草圖】。

02 點擊矩形上方的平面,來當作繪製平面。

03 執行工具列上的【新增】面板→【圓】→【中心直徑圓】。

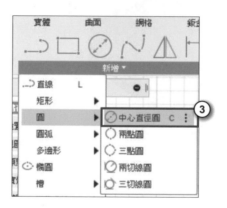

04 在平面的上方任意的繪製一個圓,如圖所示。

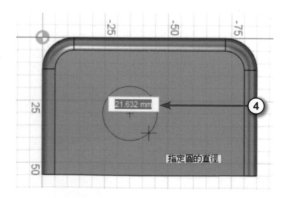

05 點擊【完成草圖】,如圖所示。

06 執行工具列上的【推拉】,並點擊之前繪製的圓。

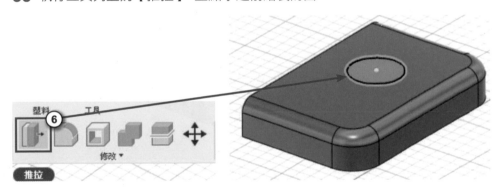

07 按住圓上方的藍色箭頭往下拖曳,將圓柱往下拉伸。

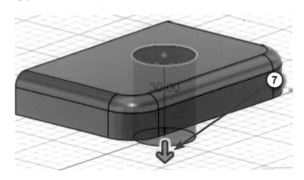

08 完成後按下【確定】，完成圓孔。

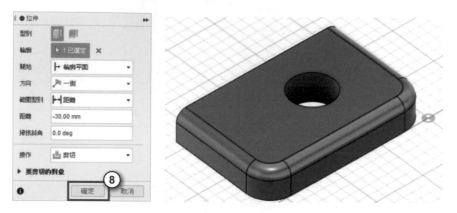

09 點擊【推拉】，並點擊圓孔。

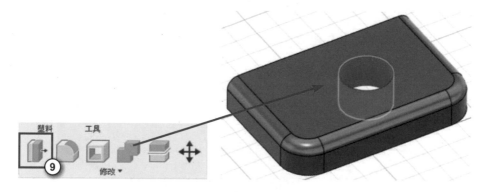

10 此時會出現【偏移面】的指令面板，按住滑鼠左鍵並拖曳圓柱的藍色箭頭，可以直接修改圓柱的偏移值。

11 完成後按下【確定】，完成偏移。

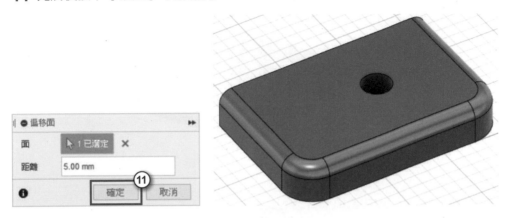

12 點擊【推拉】，並點擊右方的面，如圖所示。

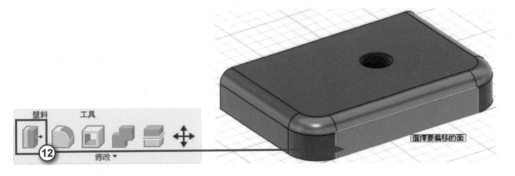

13 此時也會出現【偏移面】的指令面板，按住滑鼠左鍵並拖曳藍色箭頭，可以修改矩形的偏移值。

14 按下【確認】，完成偏移。

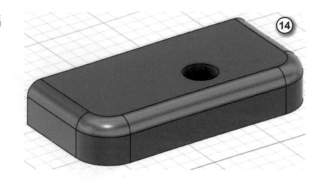

15 按住 [Shift] 鍵 + 滑鼠中鍵環轉視角，將視角轉到矩形的另一個面。

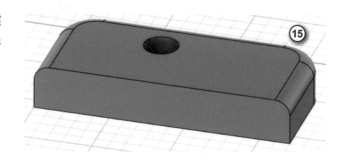

16 點擊【推拉】，並點擊右方的面，如圖所示。

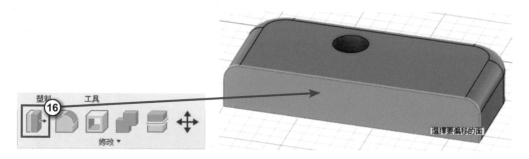

17 會出現【偏移面】的指令面板，按住滑鼠左鍵並拖曳藍色箭頭，點擊【確定】，此時會出現新的偏移面特徵，可以利用箭頭拖曳來決定面的位置。

新的偏移面特徵

18 按下【確定】按鈕，完成偏移。

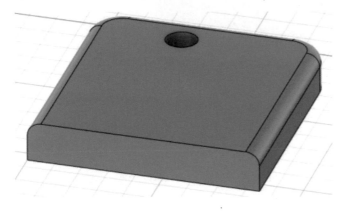

5-2 薄殼（抽殼）

01 開啟 Fusion 360 專案中的範例檔〈5-2 抽殼〉，或點擊【文件】→【開啟】→【從我的計算機開啟】→開啟範例檔〈5-2 抽殼 .f3d〉。

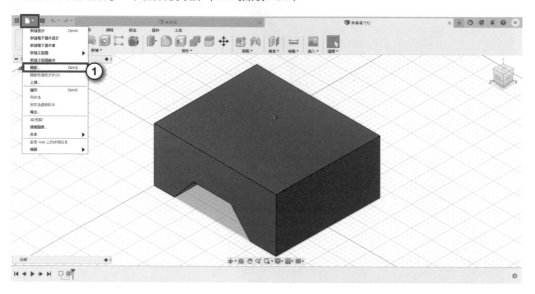

02 點擊工具列上【抽殼】指令。

03 點擊物件上方的面，作為抽殼的開口面。

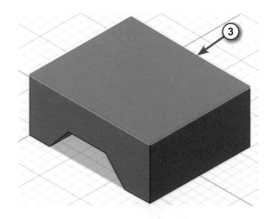

04 在【抽殼】的指令面板，點擊【方向】旁邊的下拉式選單並點選【內側】。

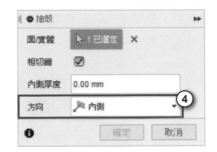

05 往內拖曳藍色箭頭，抽殼的方向將會往內，如圖所示。

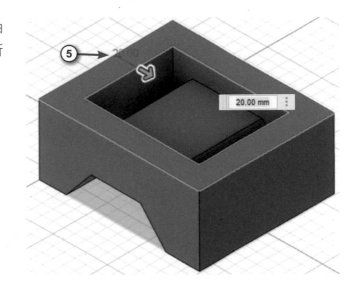

06 按住 Ctrl 鍵，並再次點擊物件下方與一個側面，如圖所示共六面。（可以環轉到容易選取的視角，再按住 Ctrl 鍵選取面。）

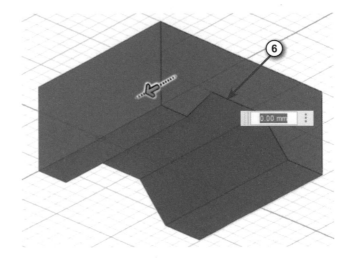

07 在【抽殼】的指令面板，點擊【方向】旁邊的下拉式選單並點選【外側】，並按住滑鼠左鍵往外拖曳藍色箭頭，將物件抽殼到所需的數值。

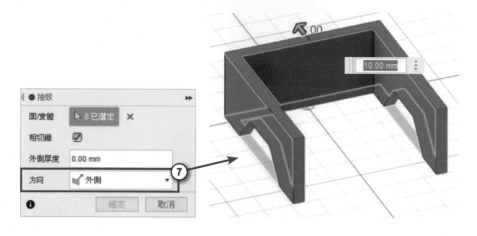

08 完成後按下【確認】按鈕，完成抽殼。

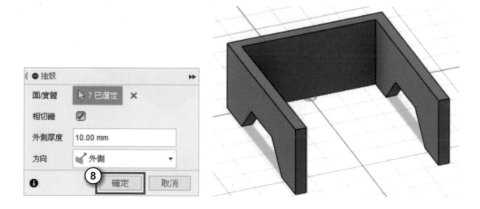

09 接著按下 Ctrl + Z 鍵，恢復原來的物件，並點擊工具列上的【抽殼】指令，左鍵
點擊模型的邊，可以一次選取所有的物件。

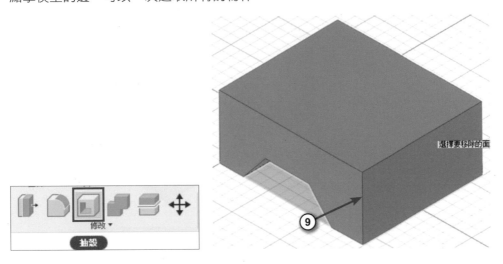

10 按住滑鼠左鍵並拖曳藍色箭頭，也可以直接輸入數值「2.5」，完成後按下【確
定】按鈕。

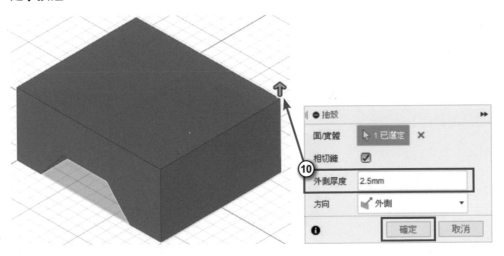

11 完成抽殼,此時的抽殼並沒有任何的開口。

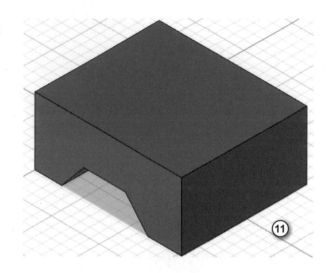

12 點擊下方的【顯示設置】→【視覺樣式】→【帶隱藏邊著色】。

13 將可以看到抽殼後內部的結構。【視覺樣式】可改回【僅帶可見邊著色】。

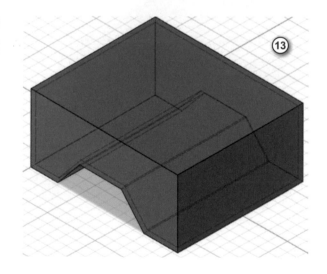

5-3 拔模

01 開啟範例檔〈5-3 拔模 .f3d〉。

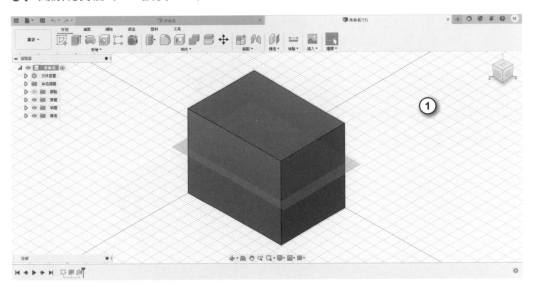

02 點擊工具列上【修改】→【拔模】指令。

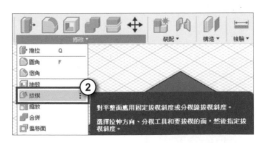

03 點擊中間的面,當作拔模的基準。

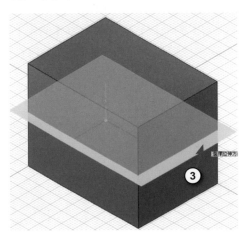

04 點擊側邊的兩個面當作
要拔模的面，如右圖所示。

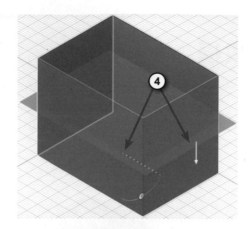

05 按住滑鼠左鍵並轉動轉
盤，可以做拔模的角度設定。

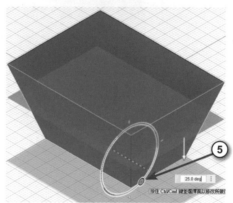

06 在拔模的面板中也可以輸入要拔模的數值，在【角度 1】欄位中輸入「-30」，並在
【拔模側】的下拉式選單中點擊【兩側】，在【角度 2】欄位中輸入「-25」，可以設定兩
個不同的拔模尺寸，完成後再按下【確定】。

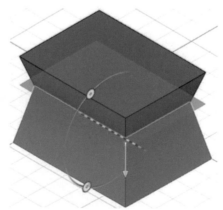

07 完成拔模。

5-4 縮放

01 開啟範例檔〈5-4 縮放 .f3d〉。

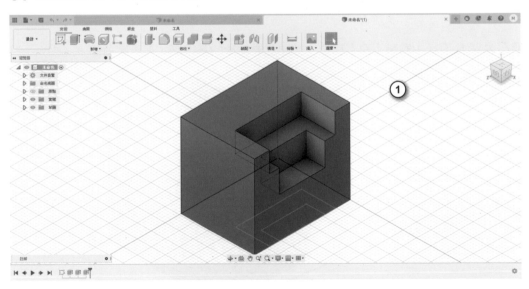

02 點擊工具列上【修改】
→【縮放】指令。

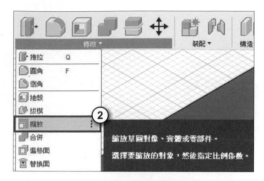

03 點擊要縮放的實體物
件，如右圖所示。

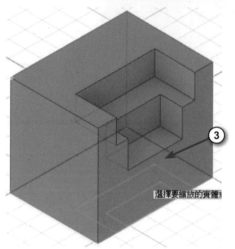

04 在縮放面板中點擊【點】欄位，並點選要縮放的基準點，如下圖所示。

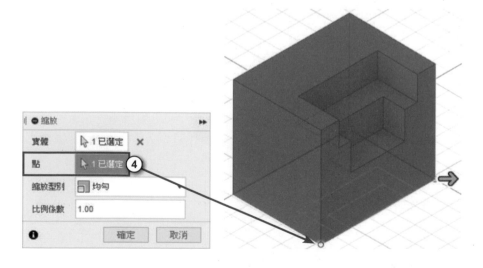

05 按住滑鼠左鍵拖曳藍色箭頭，可以將物件縮放，或者在【比例係數】欄位中輸入
數值。

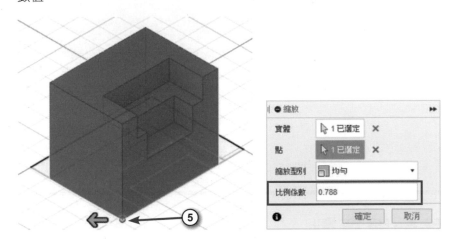

06 在【縮放型別】的下拉式選單中點擊【非均勻】，並在三個不同的方向箭頭中拖
曳，就可以依不同比例來做縮放。

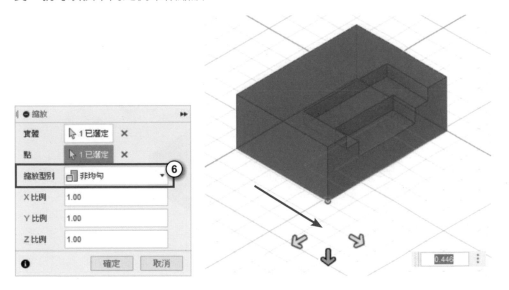

07 完成後按下【確定】，完成縮放。

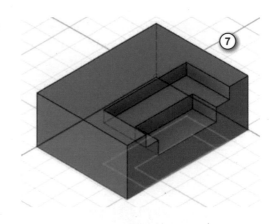

5-5 移動與複製

01 開啟範例檔〈5-5 移動與複製 .f3d〉。

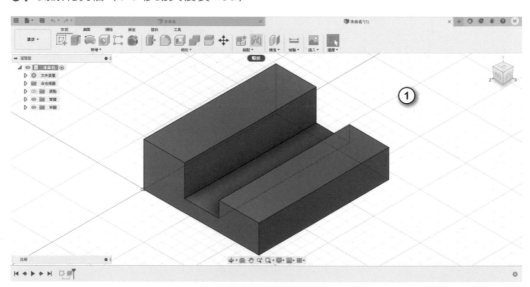

02 點擊工具列上的【移動 / 複製】指令。

03 在【移動對象】的下拉式選單中點擊【面】,並點擊要移動的面,如下圖所示。

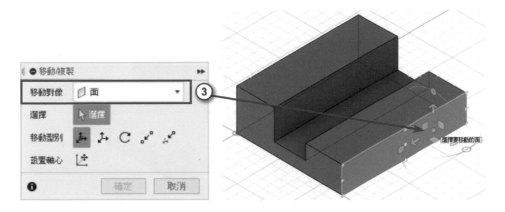

04 按住滑鼠左鍵拖曳藍色箭頭,可以直接移動,如下圖所示。

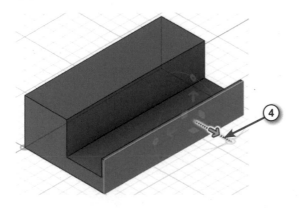

05 或者是直接點擊要移動到的點如左圖,移動的結果如右圖所示。

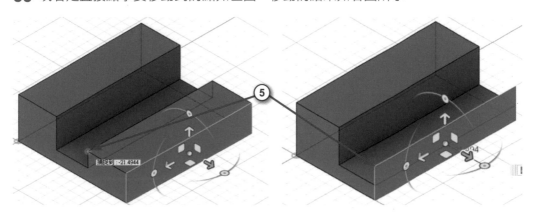

06 完成後按下【確定】。

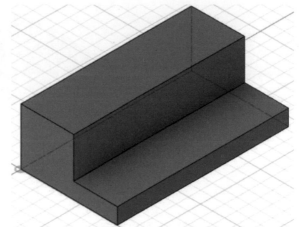

07 點擊工具列上的【移動/
複製】指令，並點擊要移動
的面。

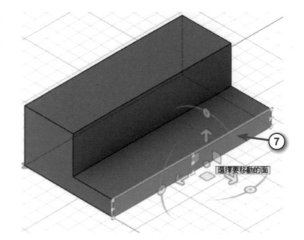

08 按住滑鼠左鍵並拖曳旋
轉轉盤，可以旋轉改變面的
角度。

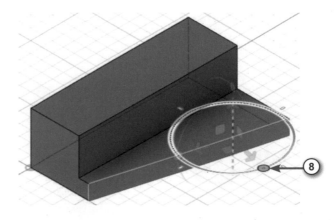

09 完成後按下【確定】。

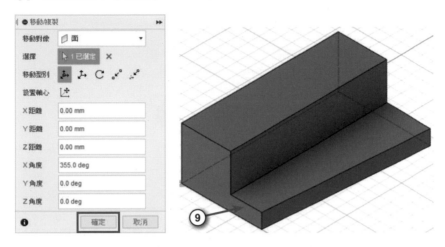

10 點擊工具列上的【移動 / 複製】指令,並在【移動對象】的下拉式選單中點擊【實體】。

11 點擊要移動的實體物件,如圖所示。

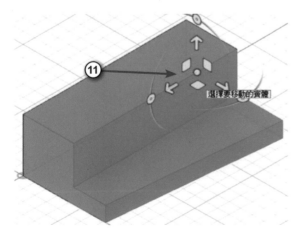

12 點擊【設置軸心】，並點選要設置的位置，如圖所示。

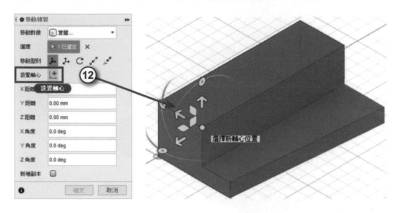

13 點擊【設置軸心】的打勾圖示，完成軸心的設置，在【新增副本】的欄位中打勾，並按住滑鼠左鍵拖曳藍色箭頭，如圖所示。

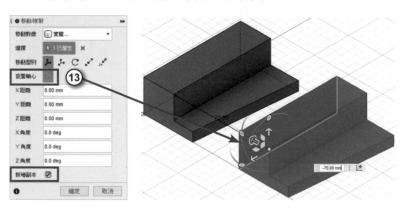

14 完成後按下【確定】，完成複製。

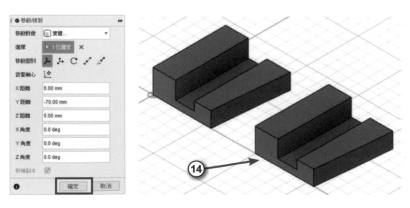

5-6 合併實體

01 開啟範例檔〈5-6 合併 .f3d〉。

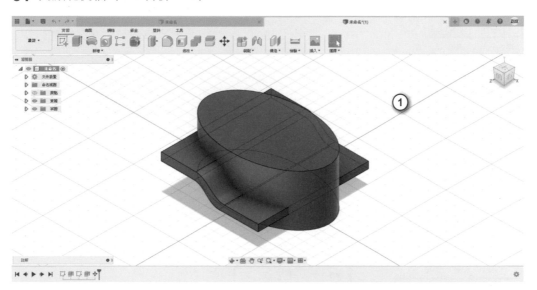

02 點擊工具列上【修改】→
【合併】指令。

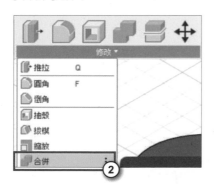

03 點擊要當作目標的實體，如圖所示。

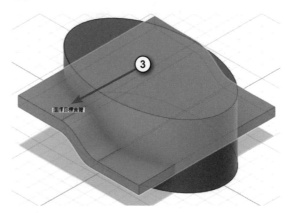

04 並點擊橢圓形物體，當作刀具實體。

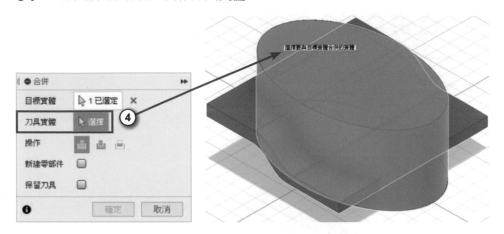

05 在左側瀏覽器觀察實體數量，兩個物件為兩個實體，在【操作】的右側選第一個【合併】，完成後按下【確定】。

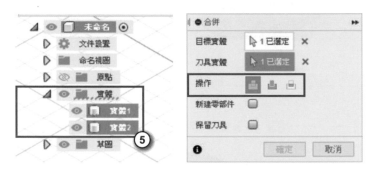

06 完成合併，此時兩物件為一個實體。

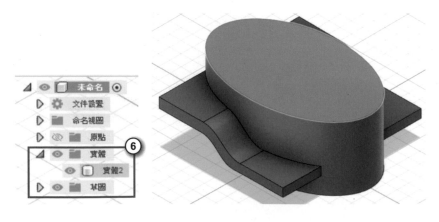

07 連續點擊下方的合併特徵兩下，可以進入編輯模式，如圖所示。

08 在【操作】的右側選第二個【剪切】，如圖所示。

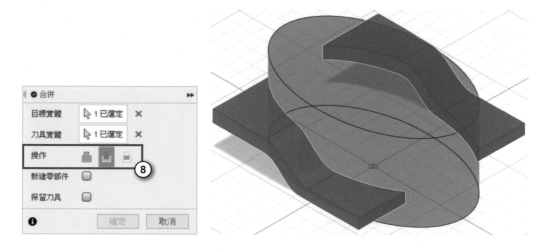

09 目標實體將會減去刀具實體，並會得到一個新的實體。

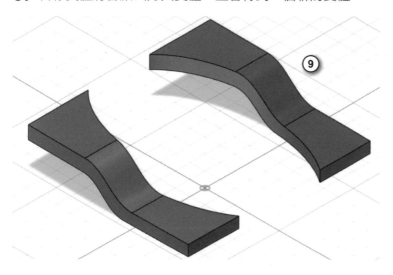

10 在【操作】的右側點擊第三個【相交】，如圖所示，完成後按下【確定】。

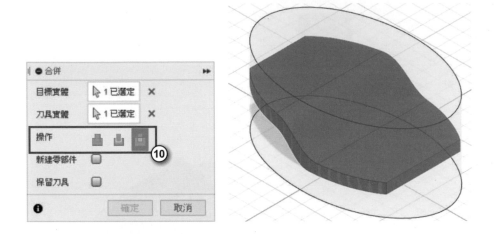

11 此時只有兩物件相交的體積塊會留下來，如圖所示。

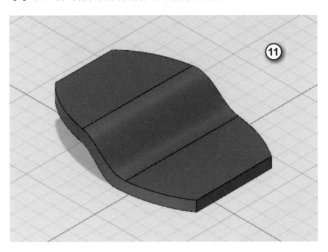

 小秘訣

【目標實體】只能選一個，【刀具實體】可以選很多個。

5-7 修改時間軸

01 延續上一個小節檔案來操作。

02 在時間軸最右邊,拖曳 到拉伸的位置,畫面將會回到之前的步驟。

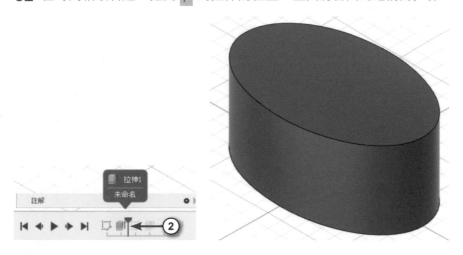

03 接著時間軸拖曳回到兩物件合併之前,如下圖所示。

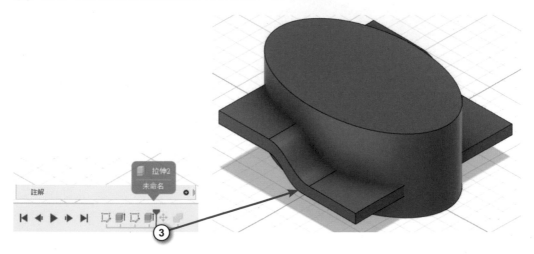

04 點擊【移動 / 複製】指令。

05 在【移動對象】的下拉式選單中點擊【實體】，點擊要移動的實體，如下圖所示。

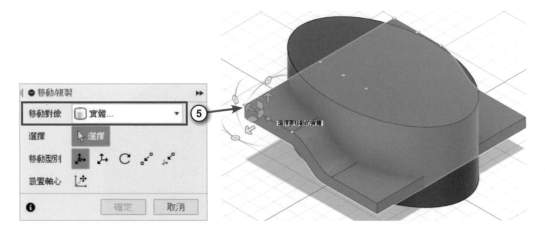

06 按住滑鼠左鍵拖曳移動方塊物件，如右圖所示。

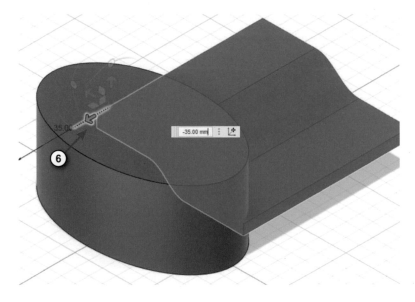

07 將物件移動到一半的位置，完成後按下【確定】。

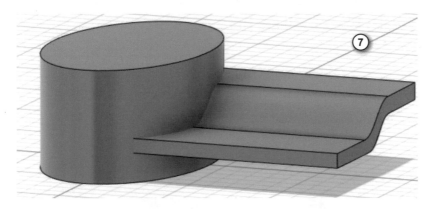

08 在時間軸中，將 ![icon] 往右拖曳到最後，如下圖所示。

09 合併後的結果將會有所變更。

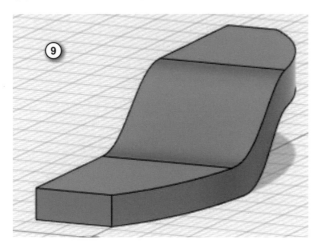

5-8 分割面與分割實體

01 開啟範例檔〈5-8 分割面與分割實體 .f3d〉。

02 點擊工具列上的【修改】面板→【分割面】。

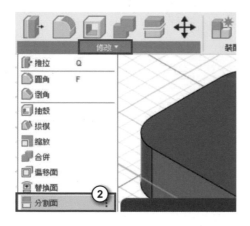

03 框選所有模型面，作為要分割的面。

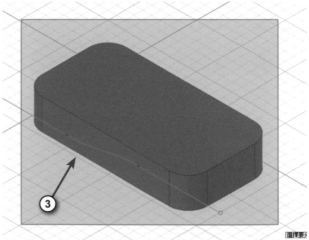

04 點擊【分割工具】右側的【選擇】按鈕。

05 點擊草圖線段，作為分割工具。

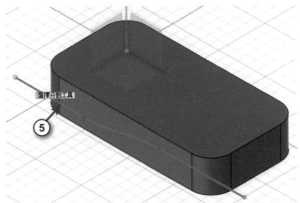

06 【分割型別】為【使用曲面分割】。點擊【確定】完成面的分割。

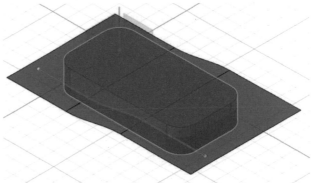

07 在左側瀏覽器，展開【實體】分類，可以知道模型依然是一個實體，只是將面分割。

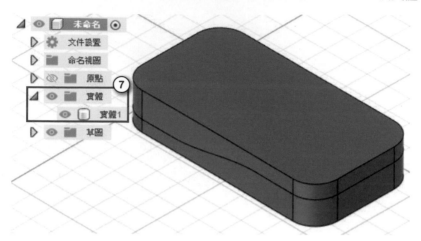

08 在下方時間軸，點選分割面特徵，在分割面特徵上按右鍵→【刪除】，刪除特徵。（也可以選取分割面特徵，按 Delete 鍵。）

09 點擊工具列上的【修改】面板→【分割實體】，這次要真的把實體切成兩塊。

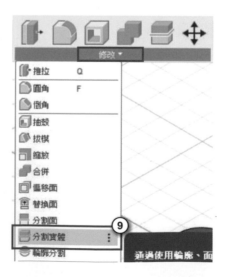

10 在左側瀏覽器，展開【草圖】分類，將草圖 2 眼睛開啟，顯示草圖 2 的線段。

11 點選模型，作為要分割的實體。

12 點擊【分割工具】右側的【選擇】按鈕。

13 點擊草圖線段，作為分割工具，完成後再按下【確定】。

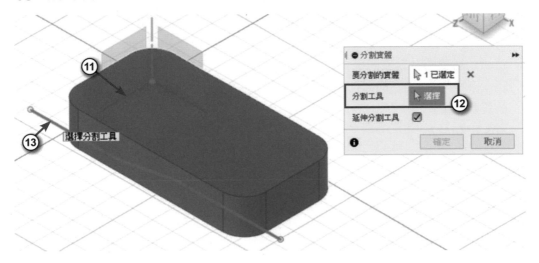

14 在左側瀏覽器，展開【實體】分類，可以知道模型已經分為兩個實體。

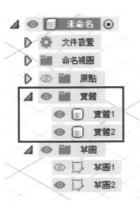

5-9 模擬練習

1. 使用「從我的計算機開啟」功能，匯入「Handle」檔案到新的設計中。

   將時間軸上的時間標記移到最末端（下圖 ① 處），檢視模型各部分，您會看到有一行文字出現在模型上。

   請問該行文字為何？

   Ans：Handle

2. 使用「從我的計算機開啟」功能，匯入「Base」檔案到新的設計中。請利用薄殼指令，移除 ① 所示的面後，並設定其他的面厚度為 4mm，以減輕重量。所剩零件的質量是多少？

   Ans：50.417

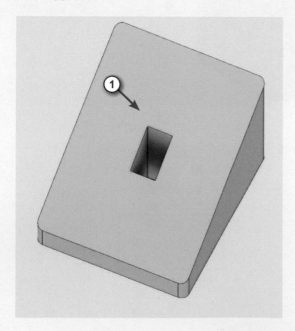

3. 使用「從我的計算機開啟」功能，匯入「Nozzle」檔案到新的設計中。

使用「推拉」的指令，將選取面的半徑增加 3mm，來增厚此處的直徑。

此時模型的質量是多少？

Ans：367.50

4. 使用「從我的計算機開啟」功能，匯入「Drawer」檔案到新的設計中。

為發揮功能性，在抽屜設計中新增了一個把手（Handle）。將這個新的實體 ① 與實體 ② 結合；完成後，於交接處新增一個等半徑 2mm 的圓角，不需要保留原始實體。

新的 Body 質量是多少？

Ans：270.493

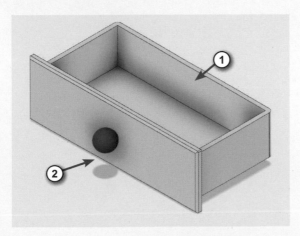

5. 使用「從我的計算機開啟」功能，匯入「Fan」檔案到新的設計中。

若要完成設計，您需要將三個 T-Splines 曲面的葉片轉換成 3.0mm 厚的實體。葉片加厚後，均與轉軸合併，其總質量是多少？

Ans：127.062

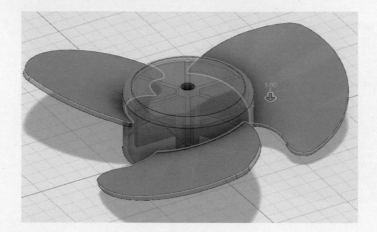

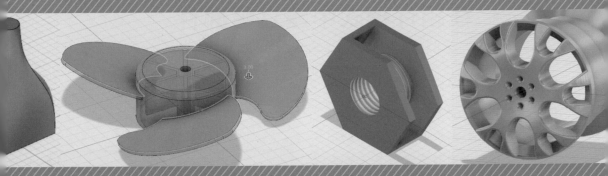

零件與零件組裝需要利用各種拘束條件來連接，兩個零件之間才會產生關聯性，本章節以機械手臂的範例介紹各種拘束的操作以及效果。

CHAPTER 06

靈活的零件組合方式

6-1 在組件模式中建立零部件

6-1-1 內部零部件

01 在 Fusion 360 專案中開啟〈6-1 升降底座〉，或點擊【文件】→【開啟】→【從我的計算機開啟】→選擇範例檔〈6-1 升降底座〉。

02 在瀏覽器下方的【無標題 1】按下滑鼠右鍵，點擊【新建零部件】，選取【內部】，在目前檔案中建立新零件，按下【確定】，不同的零部件可以進行組裝。

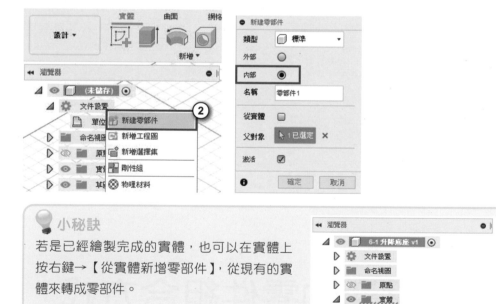

> 💡 **小秘訣**
>
> 若是已經繪製完成的實體，也可以在實體上按右鍵→【從實體新增零部件】，從現有的實體來轉成零部件。

03 點擊工具列上的【新增草圖】指令。

04 點擊底座的下方平面來當作草繪平面，如右圖所示。

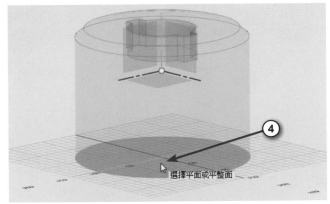

05 點擊【草圖】→【兩點矩形】
指令。

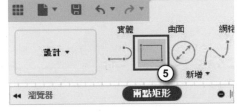

06 繪製一個 500*500 的矩形，如
圖所示。

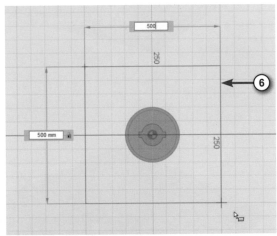

07 完成工作桌繪製後，點擊工具
列上的【完成草圖】。

08 按下拉伸的快捷鍵【E】,並點選要拉伸的矩形與圓形輪廓,如圖所示。

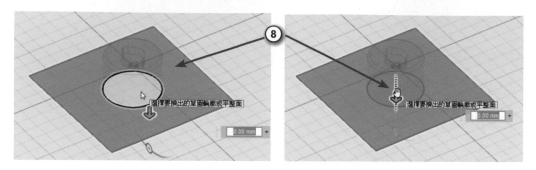

09 滑鼠左鍵按住藍色的箭頭向下拉伸,或在【距離】的欄位輸入「50」,按下 Enter 鍵。

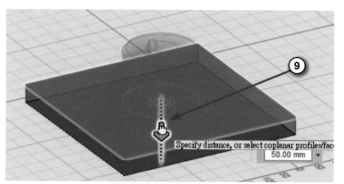

10 完成工作桌。

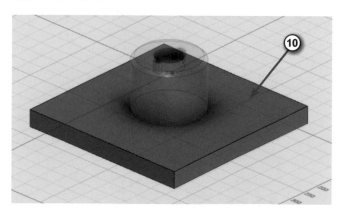

11 點擊工具列上【草圖】→【建立草圖】指令，點擊工作桌當作繪製的平面。

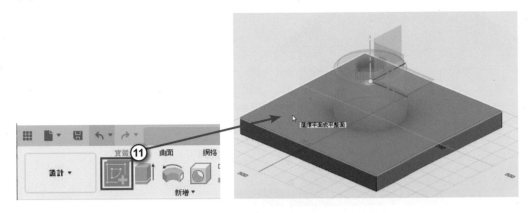

12 點擊【草圖】→【圓】→
【中心直徑圓】，點擊原點為圓
心，繪製出一個圓，如圖所示。

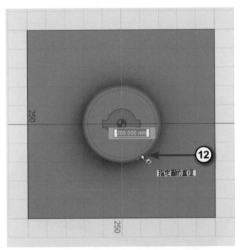

13 再依相同的圓心點繪製出另
一個圓，完成後，點擊工具列上
的【完成草圖】。

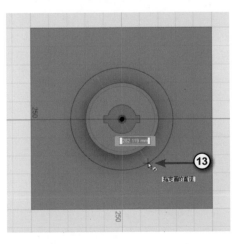

14 環轉視角，並按下拉伸的快捷鍵【E】，點擊兩個圓之間的面做拉伸，如圖所示。

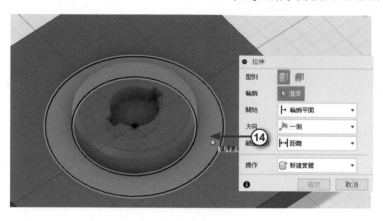

15 移動藍色箭頭往上拖曳做拉伸，大約在底座零件的 2/3 位置或在【距離】的欄位輸入「100」按下 Enter 鍵。

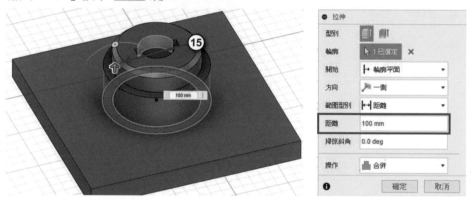

16 完成套筒。將滑鼠移動到瀏覽器下方【6-1 升降底座】按下滑鼠右鍵，點擊【啟用】，即可切換目前編輯的零部件，之後的時間軸會儲存在此零部件中。

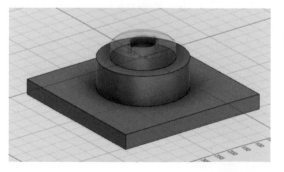

17 若在同一個檔案中建立出許多零部件,可以將零部件儲存成檔案。先將滑鼠移動到瀏覽器下方【零部件 2:1】按下滑鼠右鍵,並點擊【副本另存為】。

18 將零部件名稱命名為【固定底座】,並按下【保存】。

19 將滑鼠移動到瀏覽器左上方,顯示資料面板。

20 找到儲存的零部件檔案,點擊左鍵兩下或按下右鍵來開啟。

6-1-2 外部零部件

01 按下 Ctrl + N 新建檔案，在
【未儲存】或【文件設置】按下滑
鼠右鍵→【新建零部件】。

02 選擇【外部】，在位置欄位選
擇檔案儲存的位置，按下【確定】。

03 點擊【新建草圖】，選擇 XY 平
面。

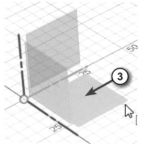

04 點擊【中心直徑圓】指令，任意繪製一個圓。

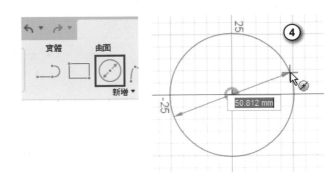

05 時間軸會出現草圖特徵。

06 點擊【完成在位編輯】，離開零部件的編輯。

07 原本檔案的時間軸，只會出現如右圖所示的特徵。

08 滑鼠移到外部零件上，點擊右側的鉛筆按鈕，可以再次編輯零部件，點擊步驟 6 的【完成在位編輯】結束編輯。

09 也可以從左側面板拖曳檔案進來。

10 鎖鏈圖示表示外部零件之間有關聯，可以按滑鼠右鍵→【斷開鏈接】，外部零件即變成內部零件。

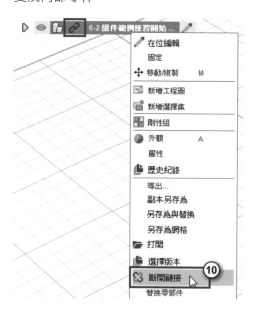

6-2 聯接

01 在 Fusion 360 專案中開啟範例檔〈6-2 組件範例練習開始 .f3d〉。

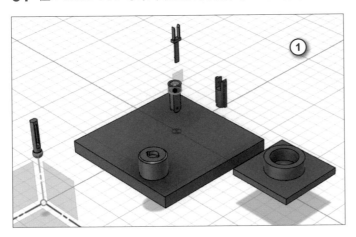

02 將滑鼠移動到瀏覽器下方【工作桌面】按下滑鼠右鍵，點擊【固定】，將桌面設定為固定的零部件。

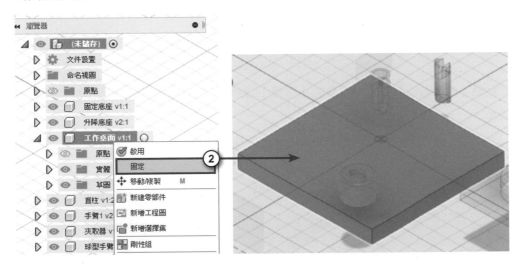

03 點選瀏覽器下方【固定底座】零部件會呈現亮顯狀態，即可找到固定底座的位置，按下快捷鍵【J（聯接）】，如圖所示。

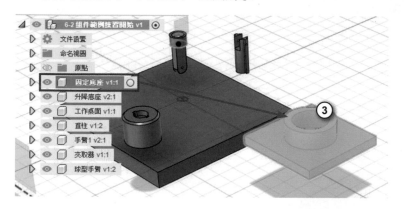

04 點擊【零部件 1】的捕捉右邊的【選擇】，並點擊底座下方中心的位置。

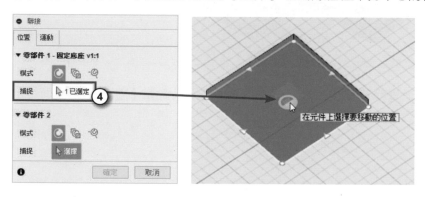

05 點擊【零部件 2】的捕捉右邊的【選擇】，點擊桌面的中心點位置，作為連接的第二個點。

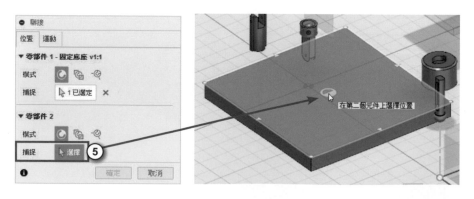

06 兩個模型將會進行聯接的動畫。切換到【運動】頁籤，選擇【平面】的聯接方式。

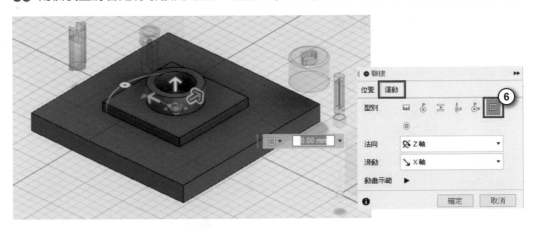

07 點擊【確定】，完成平面聯接模式。

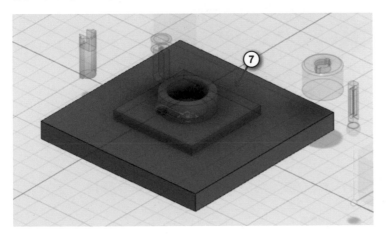

6-3 圓柱聯接

01 延續上一小節範例。

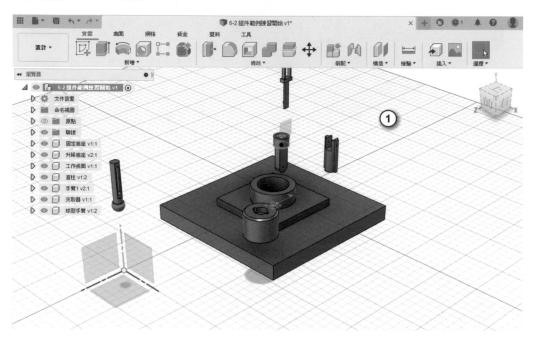

02 點擊時間軸最右邊的聯接特徵，並按下滑鼠右鍵，點擊【編輯聯接】。

03 在【運動】下方選擇【剛性】，完成後按下【確定】，此時底座跟桌面位置將固定不能任意的移動。

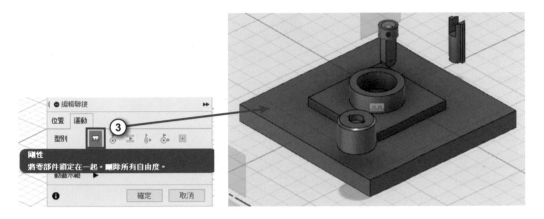

04 先找到【升降底座】的零部件。點擊工具列【聯接】指令，或按下快捷鍵【J】。

05 點擊【零部件1】下方的【選擇】，點擊圓柱的中心點位置，作為聯接的第一個點。

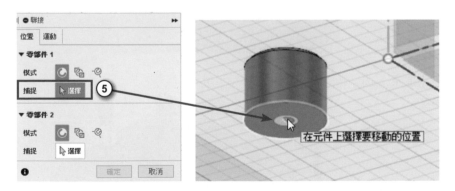

06 點擊【零部件2】下方【選擇】，點擊要聯接的圓柱中心點位置，作為聯接的第二個點。

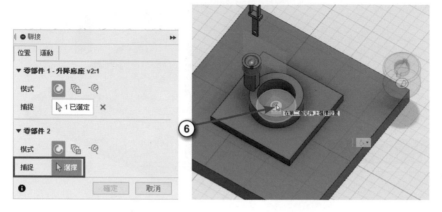

07 圓柱聯接將會進行聯接的動畫。切換到【運動】頁籤，選擇【圓柱】的聯接方式。

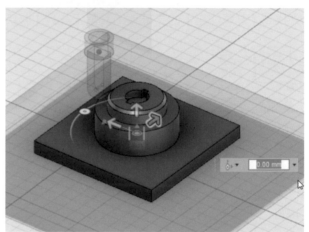

08 完成後按下【確定】按鈕，完成圓柱聯接。

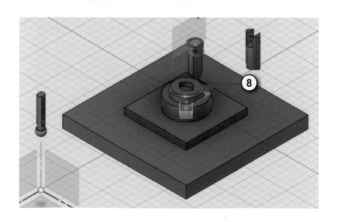

6-4 剛性聯接

01 延續上一小節範例。

02 先找到【直柱】零部件的位置。點擊工具列的
【聯接】指令，或按下快捷鍵【J】。

03 點擊【零部件 1】下方的【選擇】，點擊圓柱的中心點位置，作為聯接的第一個點。

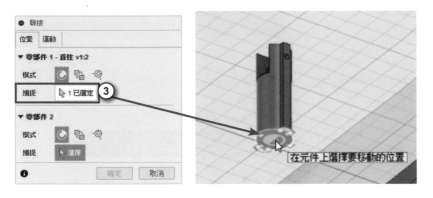

04 點擊【零部件 2】下方的【選擇】，並點擊要聯接的升降底座中間凹槽圓心點，作
為聯接的第二個點。

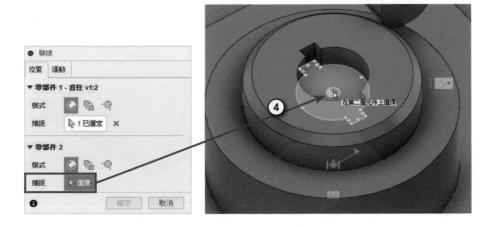

05 零部件聯接將會進行聯接的動畫。

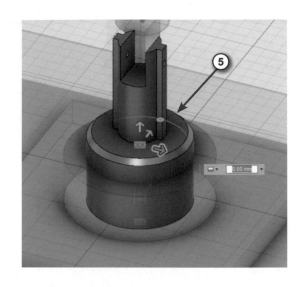

06 在【運動】下方的類型下拉式選單中選擇【剛性】。

07 完成後按下【確定】，完成剛性聯接。

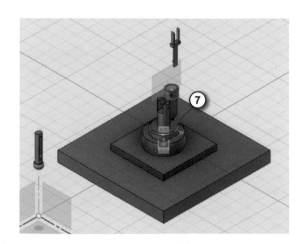

08 完成後可以將零部件往上移動並旋轉，因物件為剛性聯接所以不會分離，但下方物件為圓柱聯接，所以可以與下方的底座分開。

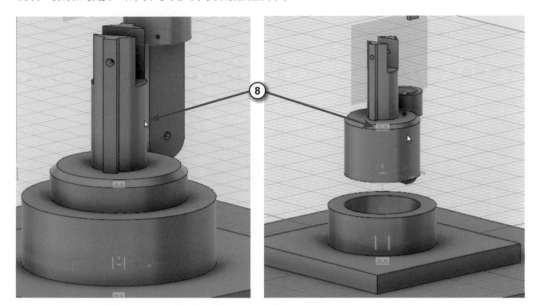

6-5 旋轉聯接

01 延續上一小節範例。

02 先找到【手臂】零部件位置。
點擊工具列的【聯接】指令，或按
下快捷鍵【J】。

03 點擊物件的圓孔中心點，作為
聯接的第一個點。

04 點擊零部件 2 下方，【捕捉】右側的【選擇】，並點擊要聯接的圓孔聯接點，如圖
所示。

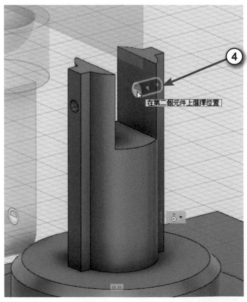

05 在【運動】頁籤，選擇【旋轉】。

06 兩物件聯接完成，但物件與物件會接合再一起沒有縫隙。

07 在【偏移 Z】的欄位中輸入數值「5」，方向相反則輸入「-5」，完成後按下【確定】。

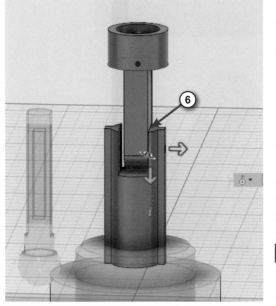

08 完成旋轉聯接。

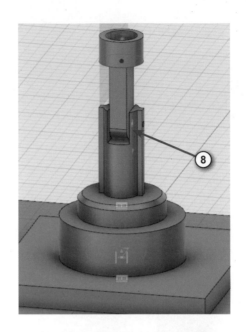

09 完成後可以將零部件往上下移動並旋轉，而底座只能上下移動。拖曳零部件後，可按下 Ctrl + Z 鍵恢復原本零部件位置。

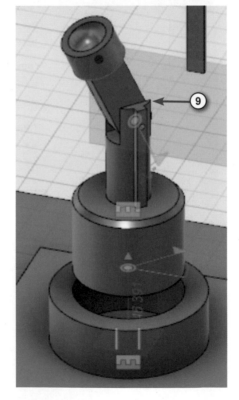

6-6 球聯接

01 延續上一小節範例。

02 先找到【球型手臂】零部件的位置。點擊工具列的【聯接】指令，或按下快捷鍵【J】。

03 點擊【零部件 1】下方的【選擇】，點擊球型手臂的側面，如圖所示。

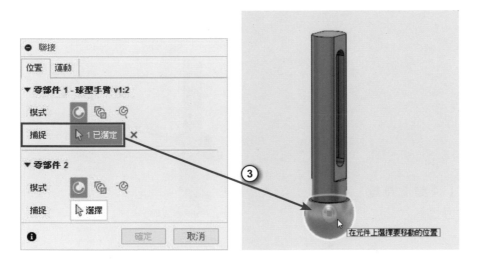

04 點擊要聯接的圓球孔位置，如圖所示。

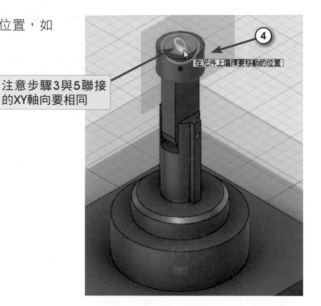

注意步驟3與5聯接的XY軸向要相同

在元件上選擇要移動的位置

05 零部件聯接將會進行聯接的動畫。

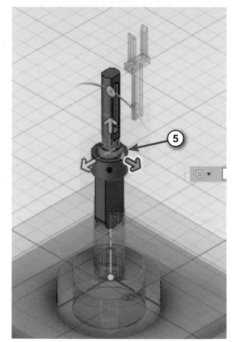

06 切換到【運動】頁籤，選擇【球】的聯接方式。

07 完成聯接，可以將完成聯接的物件上下移動並旋轉，確認聯接沒有問題。

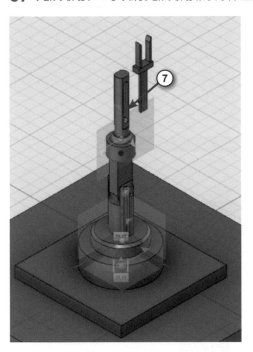

08 若移動旋轉物件後，必須按下 Ctrl + Z 鍵將物件恢復原來接合的位置。

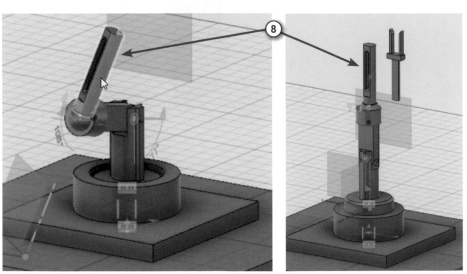

6-7 銷槽

01 延續上一小節範例。

02 先找到【夾取器】零部件位置。點擊工具列的【聯接】指令，或按下快捷鍵【J】。

03 點擊【零部件1】下方的【選擇】，點擊物件下方的圓柱內側圓，如圖所示。

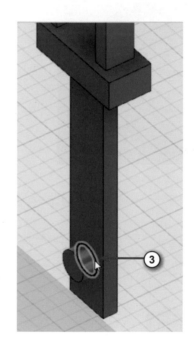

04 點擊要聯接的圓弧位置,如圖所示。

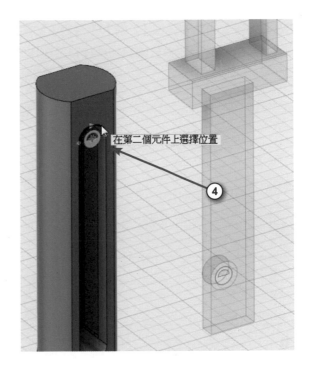

在第二個元件上選擇位置

④

05 在【運動】頁籤,選擇【銷槽】,零部件聯接將會進行聯接的動畫,可以確認聯接的方式是否正確。

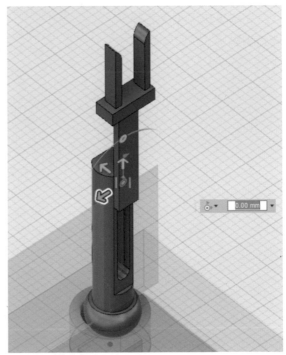

06【旋轉】的軸向選擇【Z 軸】,【滑動】的軸向選擇【Y 軸】,並且可以點擊【動畫示範】旁邊的 ▶ 箭頭播放確認物件旋轉跟運作的方向是否正確。

07 完成後按下【確定】,完成銷槽聯接。

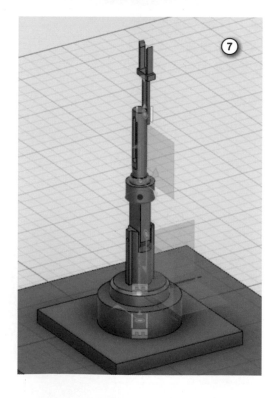

6-8 編輯聯接限制 1

01 延續上一個小節檔案來操作。

02 在瀏覽器下方，【聯接】→選取【圓柱】，點擊【】按鈕來編輯聯接限制。

03 在【運動】下拉式選單中選擇【滑動】，勾選【最小值】並輸入「0」，再勾選【最大值】並輸入「100」。

04 點擊【動畫演示】旁邊的箭頭播放確認物件滑動位置是否正確。

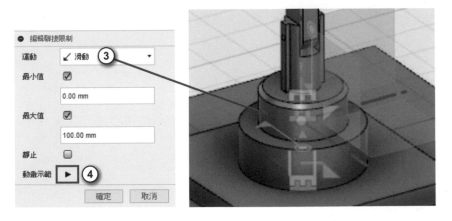

05 完成後按下【確定】，並拖曳物件是否有超過運作範圍，如左圖。確認後請按下 Ctrl + Z 鍵將物件恢復原來位置，如右圖。

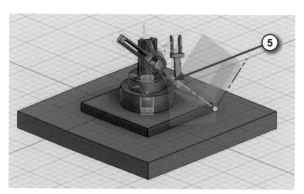
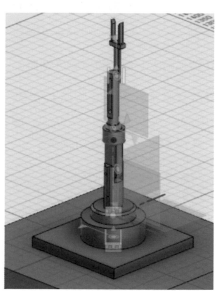

06 完成編輯聯接限制。

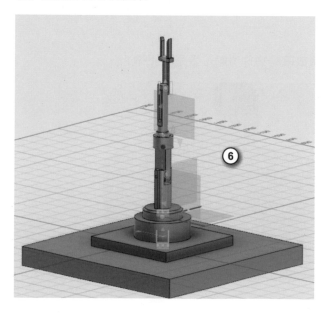

07 在瀏覽器下方,【聯接】→ 在
【旋轉】位置按下右鍵 →【編輯聯
接限制】。

08 在【運動】下拉式選單中選擇【旋轉】,勾選【最小值】並輸入「-90」,再勾選
【最大值】並輸入「90」,勾選【靜止】並輸入「0」表示靜止時的角度,點擊【動畫演
示】旁邊的箭頭播放確認物件旋轉位置是否正確。

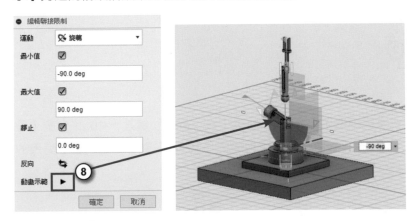

09 完成後按下【確定】,並拖曳物件是否各為 90 度,確認後請按下 Ctrl + Z 鍵將物
件恢復到原來位置。

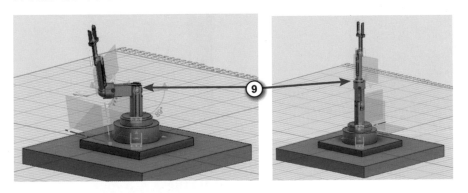

6-9 編輯聯接限制 2

01 延續上一個小節檔案來操作。

02 在瀏覽器下方，展開【聯接】→選取【球】，點擊【  】按鈕來【編輯聯接限制】。

03 在【運動】下拉式選單中選擇【偏轉】，勾選【最小值】並輸入「-10」，勾選【最大值】並輸入「10」，再勾選【靜止】的欄位並輸入「10」，點擊【動畫示範】旁邊的箭頭播放確認物件轉動位置是否正確。

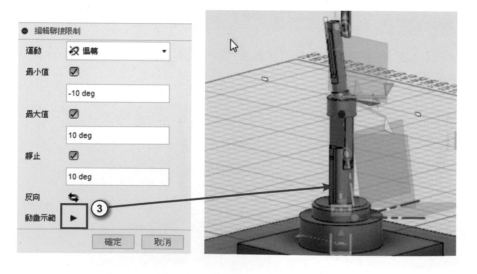

04 完成後按下【確定】，並拉動物件偏轉角度是否各為「10」，確認後請按下 Ctrl
＋ Z 鍵將物件恢復到原來位置。

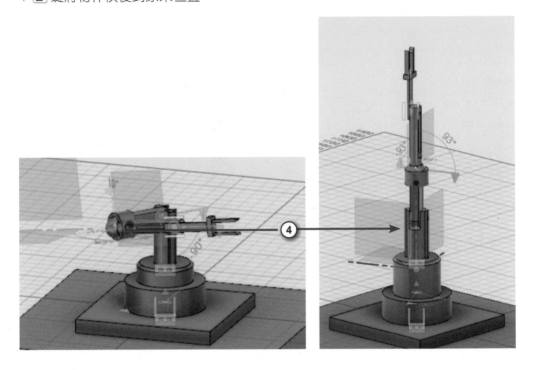

05 在瀏覽器下方，展開【聯接】→選取【銷槽】，點擊【⬇】按鈕來【編輯聯接限
制】。

06 在【運動】下拉式選單中選擇【旋轉】，勾選【最小值】並輸入「-90」，勾選【最大值】並輸入「90」，點擊【動畫示範】旁邊的箭頭播放確認物件轉動位置是否正確。

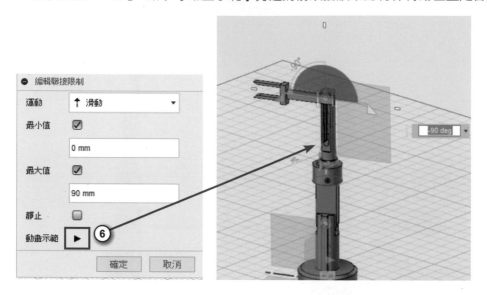

07 在【運動】下拉式選單中選擇【滑動】，在【最小值】的欄位中輸入「0」，在【最大值】的欄位中輸入「90」，點擊【動畫演示】旁邊的箭頭播放確認物件滑位置是否正確。（數值僅供參考，請依實際組裝結果來調整。）

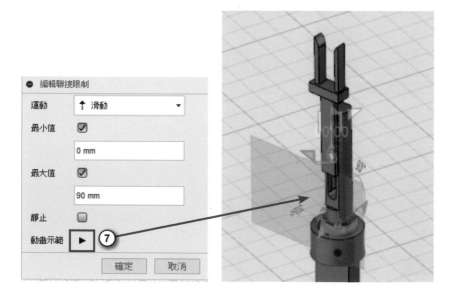

08 完成後按下【確定】，並拉動物件確認滑動與旋轉的角度是否正確，確認後請按下
Ctrl + Z 鍵將物件恢復到原來位置。

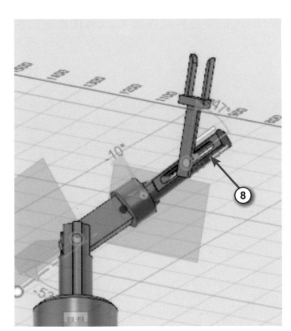

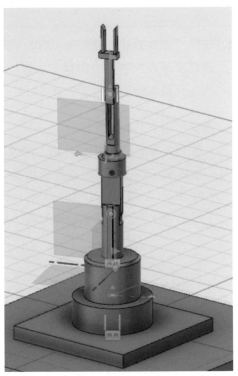

6-10 模擬練習

1. 使用「從我的計算機開啟」功能，匯入「Hook」檔案到新的設計中。

    請在零部件間套用「聯接」功能，來將 Hook 的零部件組裝起來。（請使用所指示的任一邊或面的中心當作聯接點）

    請套用以下的聯接步驟：

    • 將 Pin 零部件（標示 A 處）外徑處以「滑塊」方式、Z 軸向與 Base 零部件（標示 B 處）的中心內徑處聯接起來

    • 將 Joint 1 零部件（標示 C 處）圓孔中心，以「旋轉」方式、Z 軸向與 Base（標示 D 處）圓孔中心處聯接起來

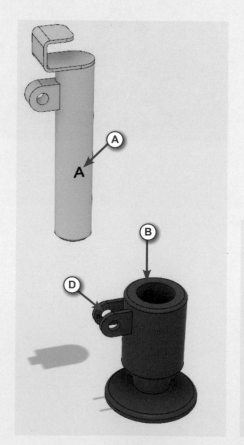

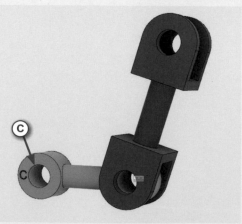

- 使用「圓柱」聯接，將 Joint 2 的圓孔與 Pin 圓孔聯接起來
- 將 Joint 1 與 Joint 2 的聯接方式，由「剛性」類型修改為「旋轉」類型

聯接完成後，按住並拖曳 Pin 零部件，延伸整個零組件（請參考下方圖片）

左圖：面 ① 與面 ② 之間的距離是多少？ Ans：82.034

右圖：面 ① 與面 ③ 之間的角度是多少？ Ans：6.4 或 6.5

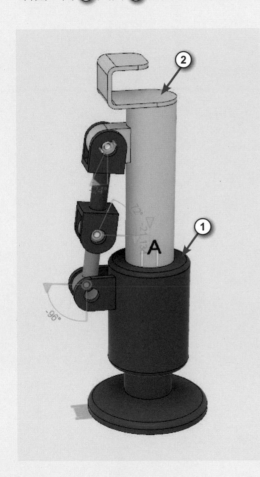
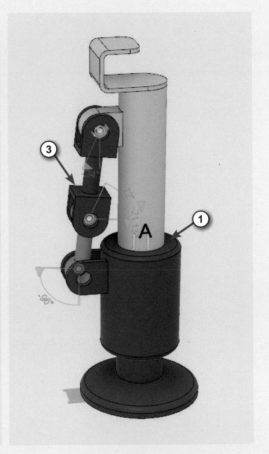

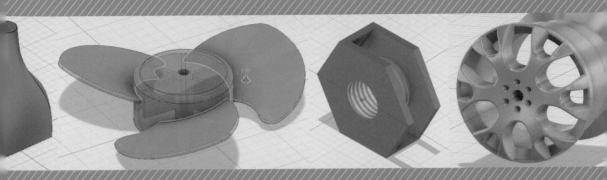

Fusion 360 比其他軟體強大的特點之一，就是擁有類似 3ds Max 軟體的強大造型編輯功能 T-Spline，T-Spline 是一種自由曲面建模技術，可分別編輯模型的頂點、邊、面，做移動、旋轉、縮放的動作，直覺的調整產品外型。本章節以高跟鞋與耳塞式耳機為範例，介紹 T-Spline 的曲面建模方式。

CHAPTER 07

以 T-Spline 的創新建模法

7-1 T-Spline 曲面的介紹

7-1-1 建立面

01 請點擊工具列【創建造型】，如圖所示。

02 點擊【新增】→【面】。

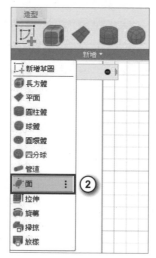

03 點擊要繪製的 XY 平面，並將畫面切換到上視圖。

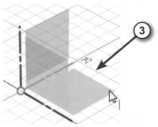

04 點擊【簡單】模式，如圖所示。

05 點擊第一個點，及第二個指定點。

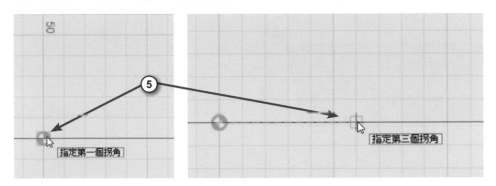

06 繼續點擊第三個點，以及第四個點，繪製一個平面。

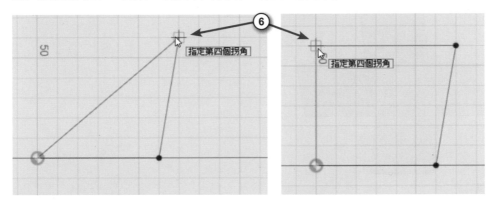

07 可以繼續點擊四個點繪製另一個平面，如圖所示。

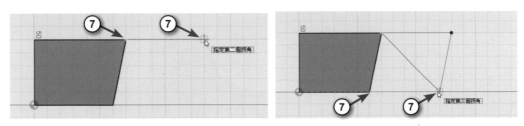

08 繪製出第二個平面，如圖所示。

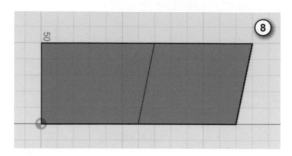

09 連續繪製出共五個平面，如圖所示。

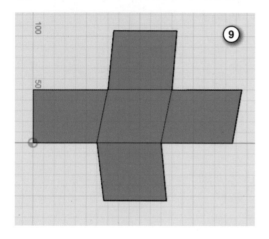

10 完成後按下【確定】，會變成比較圓滑的平面造型。

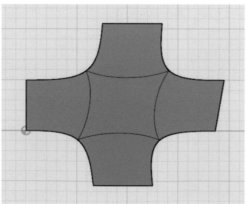

11 點擊【新增】→【面】，點擊 XY 平面，再點擊【邊】模式。

12 點擊要指定的邊，往上移動並點擊平面的第一個點。

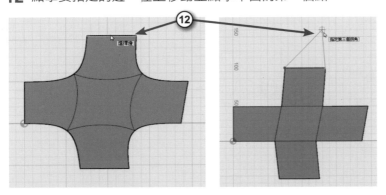

13 繼續點擊第二個點，繪製一個平面。

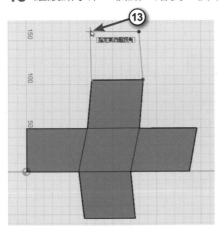

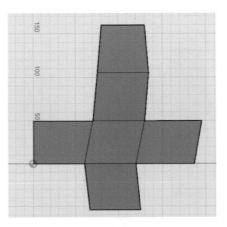

14 繼續點擊其他的邊，皆可以繪製出平面，如左圖。完成後按下【確定】，如右圖。

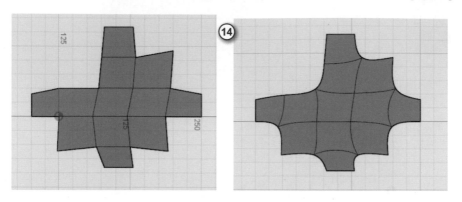

15 點擊【新增】→【面】，並點擊【鏈】模式。

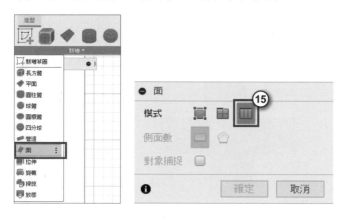

16 點擊第一條邊，此時會出現座標平面，請點擊 XY 平面，決定繪製在 XY 平面上，再點擊第二個點。

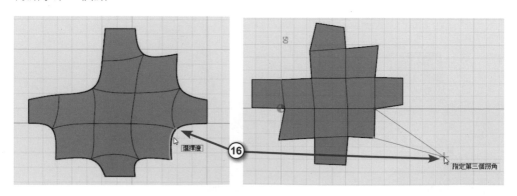

17 點擊要延伸的第三個點，完成一個面。

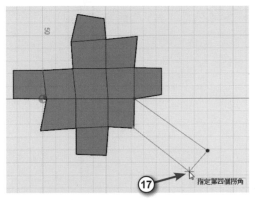 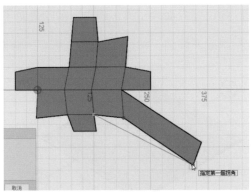

18 可以連續點擊其他的邊來完成其他的面。

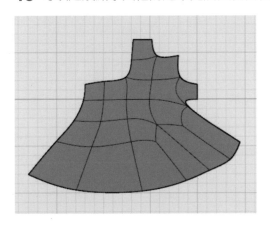

💡 **小秘訣**

在【簡單】模式中，可以點擊【多個側面】模式，即可連續點擊點來繪製出多邊形面。

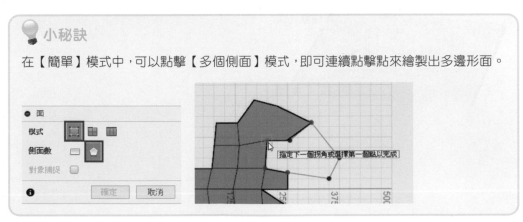

7-1-2 面的編輯

01 運用建立面的工具，建立一個四邊面，或開啟範例檔〈7-1 面的編輯 .f3d〉。

02 選取一條邊，按住 Shift 鍵加選另一條邊。

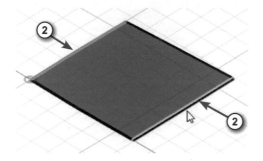

03 點擊【編輯形狀】指令。

04 可以針對選取的點、邊、面，做移動、旋轉或縮放。

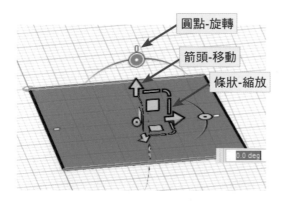

05 按住 [Alt] 鍵並往上拖曳箭頭,可以往上移動複製。

06 再一次按住 [Alt],往上移動複製一次。

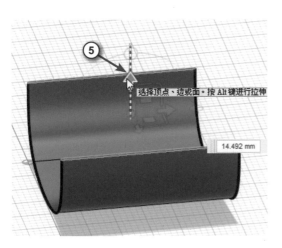

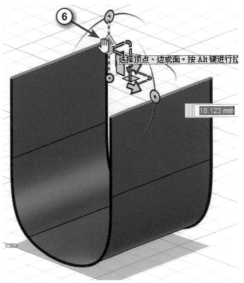

07 點擊【修改】→【橋接】。

08 選取左側的邊。

09 點擊側 2 的【 ↳ 】按鈕,再選取右側的邊,就可以將側 1 與側 2 的邊連接起來。

10 勾選【預覽】,【面】輸入「1」,表示用 1 個面連接兩條邊,按下【確定】。

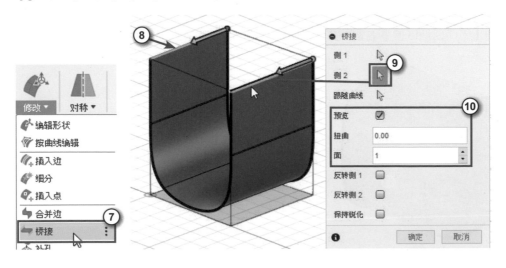

11 完成橋接。

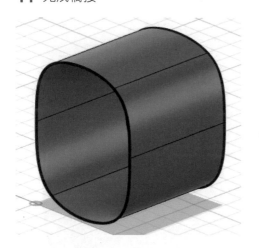

12 點擊【修改】→【插入邊】。

13 選取一條邊,會插入一條平行的邊。

14 按【下 T-Spline 邊】右側的打叉按鈕取消選取。

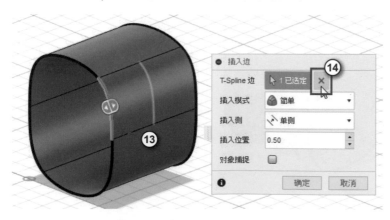

15 在邊上快速點擊左鍵兩下，可以快速選取連續邊，按下【確定】。

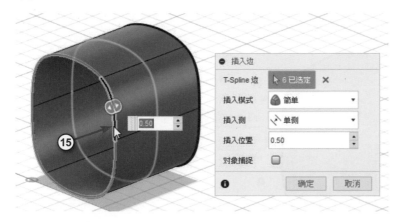

16 完成插入邊。

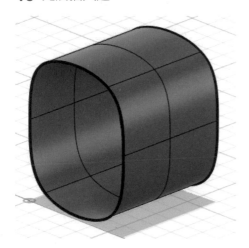

17 點擊【修改】→【合併邊】。

18 選取左側兩條邊。

19 點擊【邊組 2】右側的【選擇】。

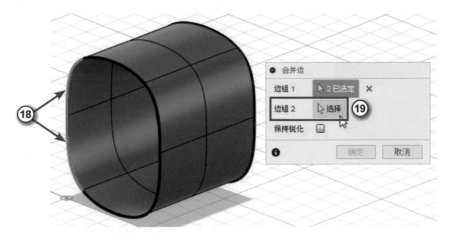

20 選取右側兩條邊，按下【確定】。

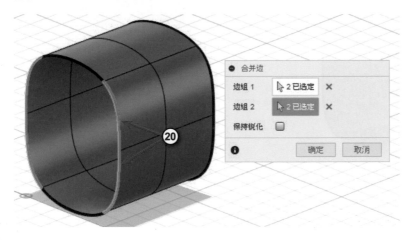

21 完成合併邊。

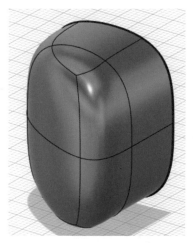 

22 點擊【修改】→【補孔】。

23 選取開口的任意一條邊，如左圖。
按下【確定】完成如右圖。

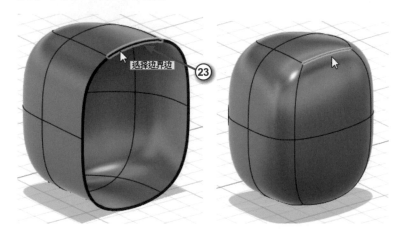

24 按住 [Shift] 鍵選取兩個面。

25 按下 [Delete] 鍵可以刪除這兩個面。

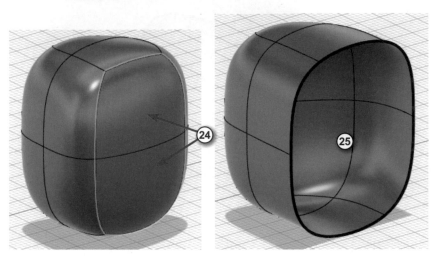

26 點擊【修改】→【圓柱化】。

27 選取環形的 6 個面，可以使選取的面呈現平滑的圓柱形狀，按下【確定】。

28 點擊【修改】→【按曲線編輯】。

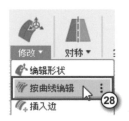

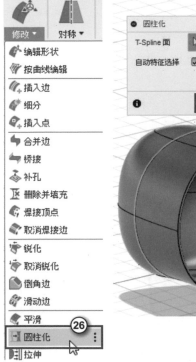

29 選取多條邊。

30 【度】輸入「3」設定外側邊的數量。點擊【曲線控制點】右側的【選擇】。

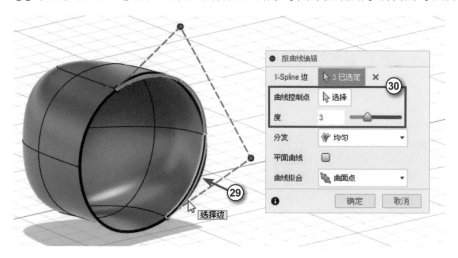

31 可以選取外側的控制點，移動調整形狀，用少量的點比較容易讓曲面光滑有型，按下【確定】完成。

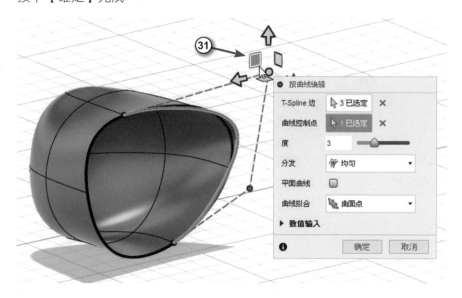

7-2 簡易鞋面 T-Spline 造型建模

01 請點擊【創建造型】，進入造型空間。

02 點擊【長方體】。

03 點擊 XY 平面作為基準平面。

04 點擊原點位置，再按下左鍵決定任意大小的長方體。

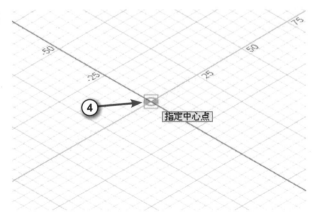

05 按住並拖曳藍色箭頭，可以隨意改變長寬高以及面數，面數皆輸入「2」。

06 也可以在視窗中直接輸入尺寸，【長度】為「15」，【長度面數】為「1」，【寬度】為「15」，【寬度面數】為「1」，【高度】為「8」，按下【確定】。

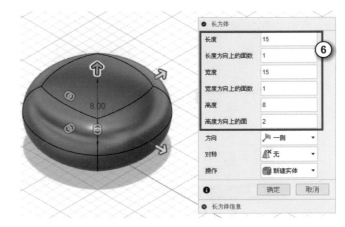

07 點擊【編輯形狀】指令。

08 選取上方的面，按住 Alt 往上拖曳箭頭可以往上拉伸出新的面，拉出鞋的腳踝地方，點擊【確定】。

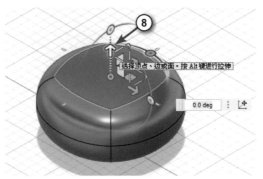

09 選擇最上方的面按 Delete 鍵刪除，形成一個圓柱狀。

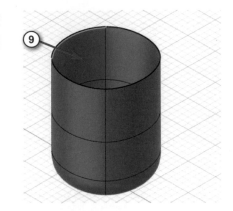

10 點擊【編輯形狀】指令。選取中間的面，按住 Alt 並向右拖曳箭頭。

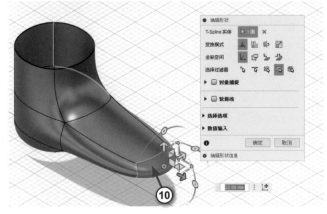

11 接著上面操作，再次按住 Alt 並拖曳箭頭往前拉伸，完成鞋尖部分。先不用離開【編輯形狀】指令。

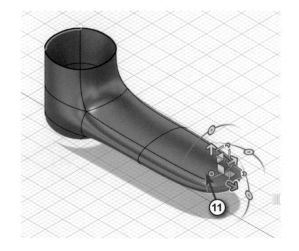

12 由右上角的視圖方塊，切到前視圖，在圖中的邊上點擊二下，選取到連續的邊，把腳掌部位往下移動到適當位置。

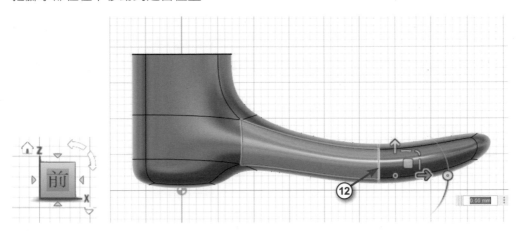

13 利用【選擇過濾器】篩選目前可以選取的是「點」、「邊」、「面」、「全部」或「實體」移動至適合的位置，調整想要的鞋子形狀後按下【確定】。

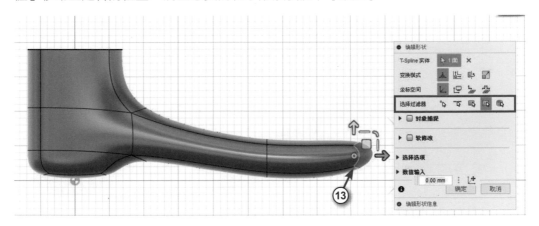

14 在右上角的視圖方塊，切到上視圖，切到鞋子的正上方。

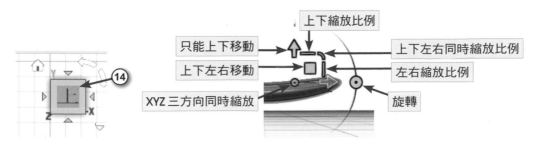

15 點擊兩下圖中的線，調整鞋子的寬度比例。

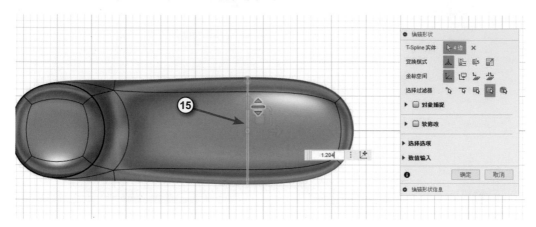

16 選取鞋子的底部的面，在右上角的視圖方塊，切到前視圖，按住 Alt 並拖曳箭頭往下拉伸新的面，產生鞋底效果。(拉伸距離越長越平滑，距離越短有硬面的效果。)

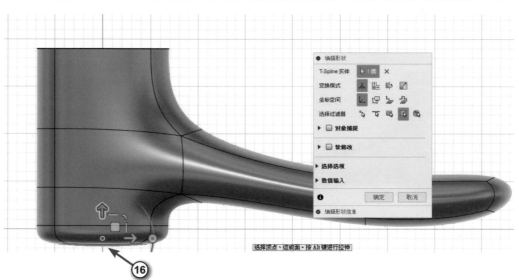

17 點擊小房子按鈕回到立體視角。

18 將上下兩條線垂直移動到適當位置,使鞋背的面膨脹,調整完按下【確定】。完成簡易版的鞋子。

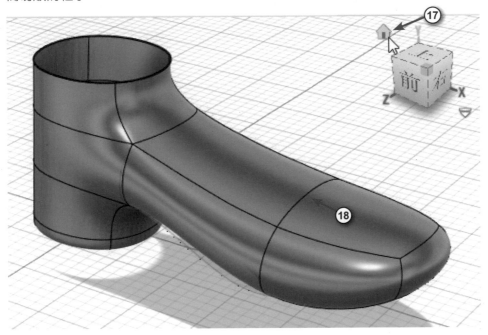

💡 **小秘訣**

按住滑鼠左鍵,由右往左框選,只要被黃色虛線框碰觸到,皆會被選取。反之,按住滑鼠左鍵,由左往右框選,只能選取被橘色實線框住的物件。

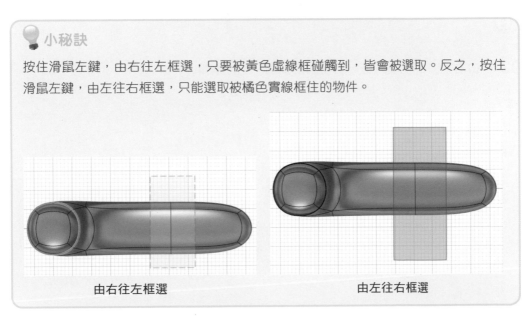

由右往左框選　　　　　　　　由左往右框選

7-3 簡易耳機 T-Spline 造型建模

01 請點擊【創建造型】切換到造型空間，選擇創建【長方體】。

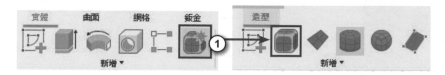

02 選擇 XZ 平面。

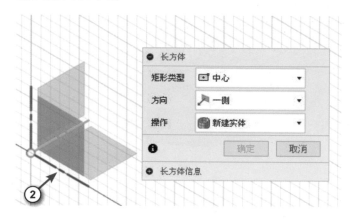

03 再由右上方的視圖方塊，切換到前視圖，進行編輯。

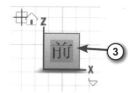

04 點擊原點，繪製任意大小的長方體。

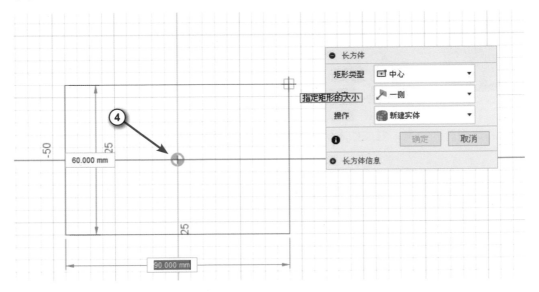

05 長寬高皆為「15」，長寬高的面數皆為「2」，按下【確定】。

06 在直向的邊上點擊滑鼠左鍵兩下，就可以選擇到物件的環形邊。

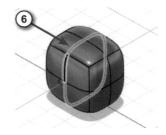

07 切到前視圖，按下【編輯形狀】，修改所選取的環形邊線。

08 將比例直向拉寬，變成如右圖的圓弧形，按下【確定】。

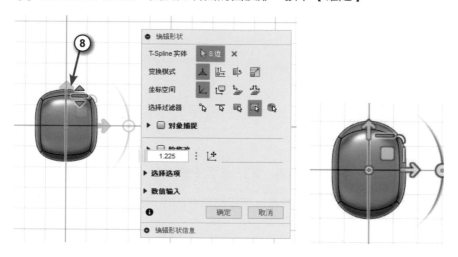

09 在橫向的邊上點擊滑鼠左鍵兩下，選取橫向環形邊，將比例橫向拉寬，按下【確定】完成初步外型。

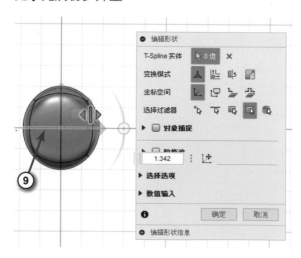

10 右上角視圖方塊中，點擊方塊角落處可以隨意切換視角，接下來按住 Ctrl 鍵，以
滑鼠左鍵選取要編輯的面。

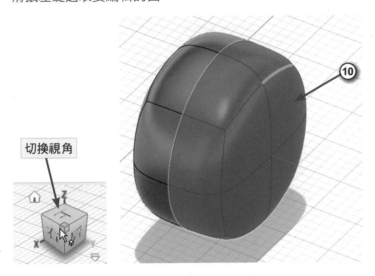

切換視角

11 切到右視圖，點擊【編輯形狀】指令，拖曳箭頭往右移動，使選取的藍色面往右
邊移動，完成初步耳機音孔造型，按下【確定】。

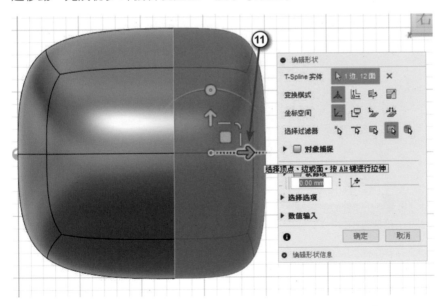

12 在空白處按一下滑鼠左鍵取消選取。按住 Ctrl 鍵，以滑鼠左鍵選取要編輯的面，按下滑鼠右鍵→選擇【編輯形狀】，也能開啟編輯視窗進行編輯。

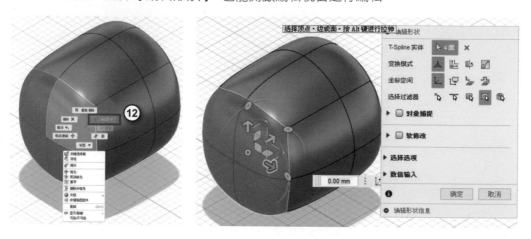

13 在座標的中間有一個圓圈，滑鼠左鍵拖曳等比例縮小。

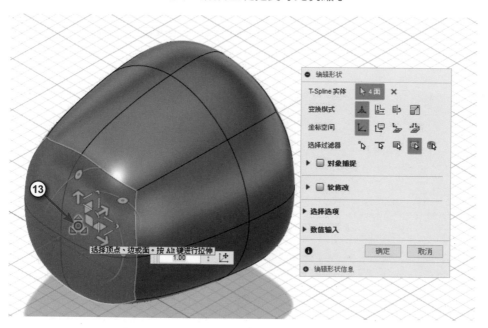

14 按住 Alt 鍵 + 等比例縮小，產生一組新面。

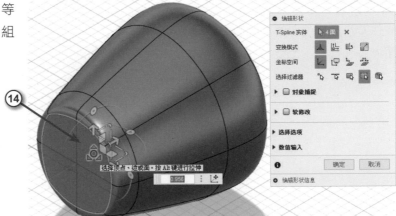

15 延續上面的操作，拖曳箭頭往耳機內移動，做出耳機更立體的造型。

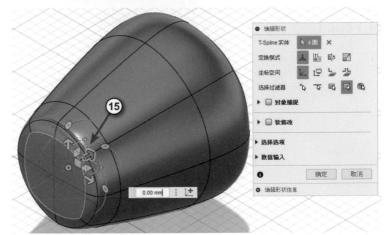

16 按住 Alt 鍵再往內移動，拉伸新的面，形成一個凹陷效果，按下【確定】。

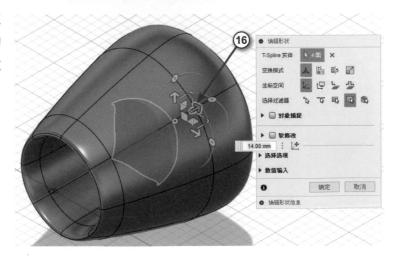

17 視窗切到耳機背面，
按住 Ctrl 鍵，選取要修改的
面。

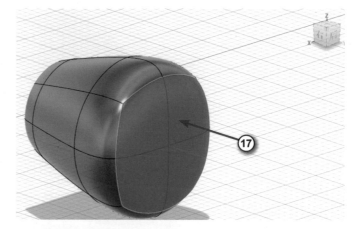

18 點擊【修改】面板→選
擇【銳化】。

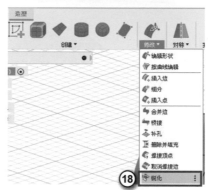

19 選取的面變成銳化邊緣，按下【確定】。

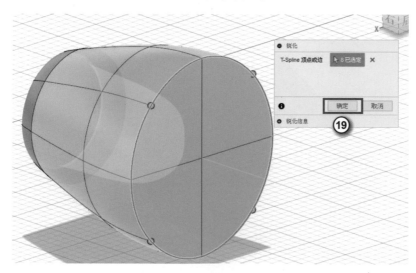

20 接下來選取耳機背後四個面，按住滑鼠右鍵，滑鼠滑動至【編輯形狀】後放開，進入編輯面板。

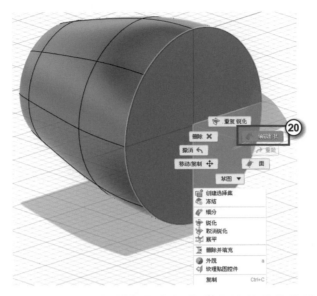

21 先將四個面等比例縮小一些。

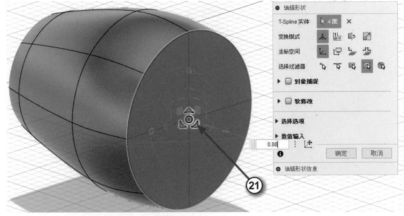

22 再按住 Alt 鍵＋等比例縮小一次，製作圓弧效果。

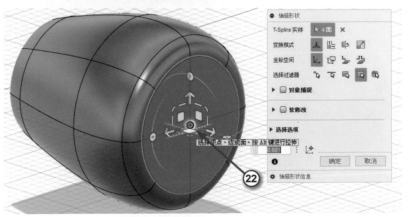

23 接下來按住 Alt 鍵 + 拖曳箭頭往內擠出,形成一個耳機背面凹陷。

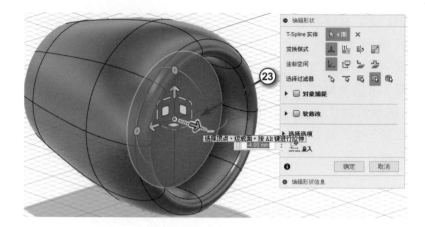

24 按住 Alt + 拖曳箭頭往外擠出,形成第一階段耳機掛勾。

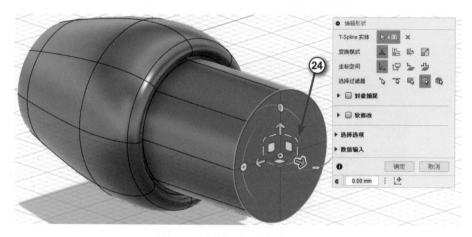

25 選取耳機後的四個面,等比例縮小一些。

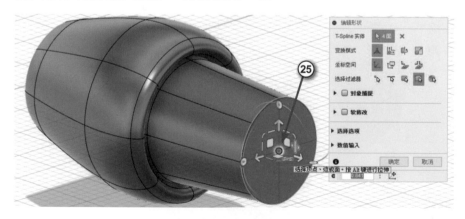

26 按住 Alt + 等比例縮小一些。

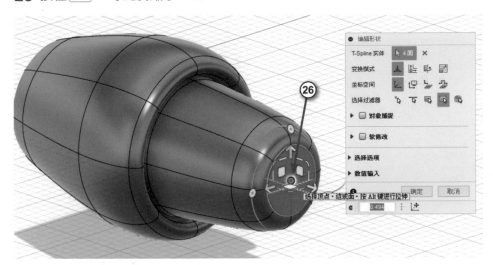

27 點選耳機的邊線兩下，選取耳機環繞邊線。

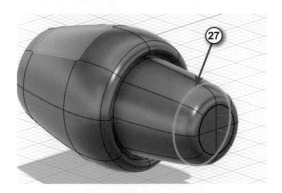

28 接下來點選【修改】面板→【插入邊】。

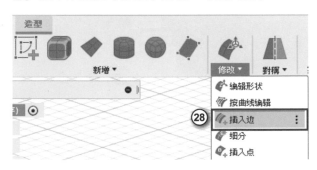

29 此時物件上會多出一條綠色線，視圖中有一個拉桿，可以調整綠色線的位置，調整好位置按下【確定】。

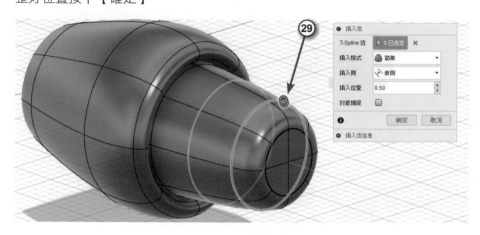

30 選取耳機下方兩個面，進行下一段編輯。

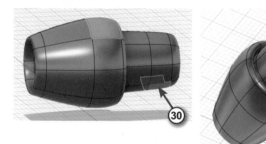

31 按住滑鼠右鍵→點選【編輯形狀】進入編輯面板。

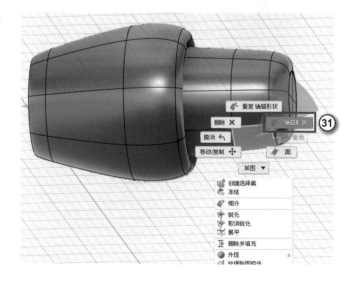

32 接下來按住 Alt + 拖曳箭頭往下移動擠出耳機掛勾第一段。

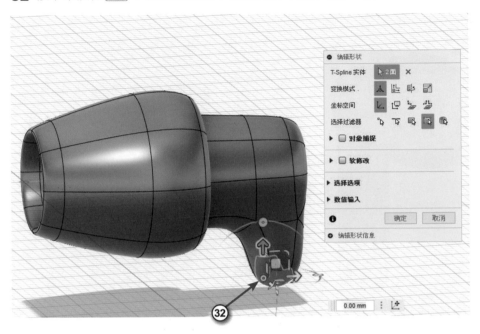

33 繼續按住 Alt + 拖曳箭頭幾下移動擠出第二段。

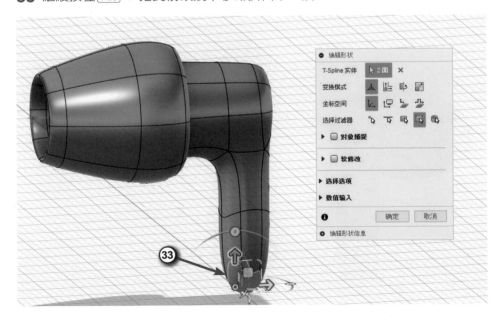

34 再進行第三段擠出，進行耳機掛勾的收邊，橫向邊線間距越近，可以有邊線硬化效果。

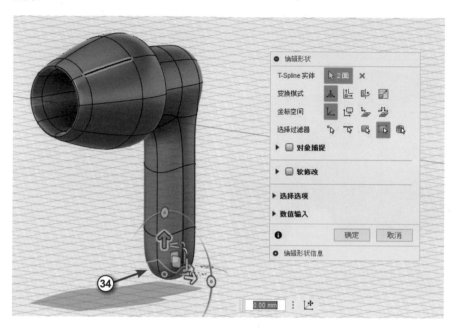

35 在橫向邊線上點擊兩下，選取到環繞邊線。

36 拖曳箭頭往後移動，拉出彎曲效果，調整完按下【確定】。

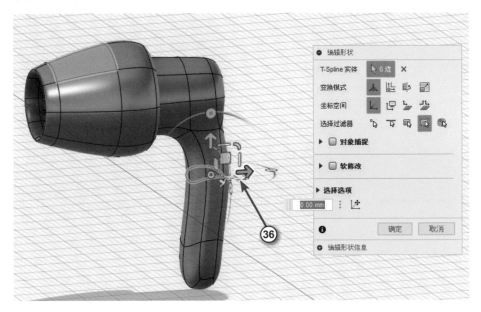

37 耳機基本造型完成。

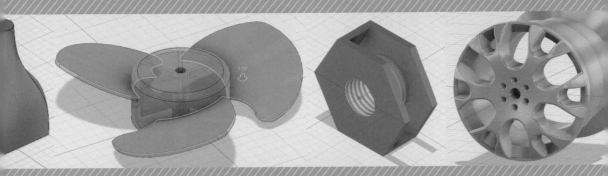

本章節將介紹快速渲染流程，在如何給予模型多種材質、修改材質的方法、以及環境設定等有更詳盡的介紹。本書使用第八章節的咖啡機範例來渲染，其他範例也可以使用此流程來渲染。

CHAPTER 08

快速製作真實渲染效果

8-1 外觀設定

8-1-1 指定材質

01 開啟範例檔〈8-1_咖啡機 .f3d〉。

02 點擊【設計】工作區→切換為【渲染】工作區。

03 點擊【外觀】指令，開啟外觀面板。

04 外觀面板原本固定在視窗右側，在外觀面板上，按住滑鼠左鍵往左拖曳，可自由移動面板。

05 往下拖曳外觀面板的右下角，可以將面板放大，方便檢視。

可選擇材質套用於實體、零部件或面

正在使用或曾經使用過的材質會放在此處，按下右鍵→刪除所有未使用的標籤，可刪除沒在使用的材質

Fusion 360外觀庫，內建材質資源，可以自由使用

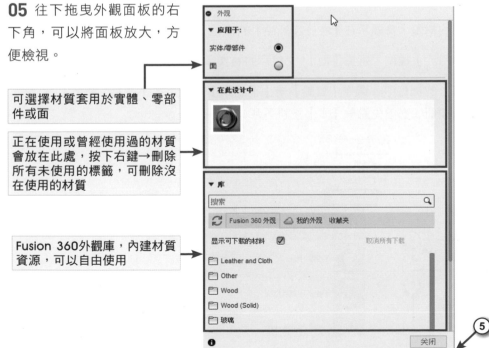

06 在【庫】的欄位中，選擇【金屬】→【鋁】，將【鋁 - 陽極電鍍粗糙（藍色）】材質拖曳到咖啡機上，即可將材質貼給咖啡機。

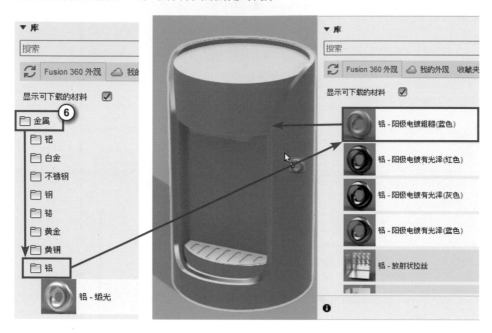

07 使用過的材質，會顯示在【在此設計中】的欄位。

08 在【應用於】欄位，選擇【面】，之後可將材質單獨貼給面。

09 在【庫】的欄位中，選擇【金屬】→【不銹鋼】→找到【不銹鋼 - 緞光】。若材質右側有下載按鈕，必須先點擊【↓】按鈕下載材質。

10 將材質拖曳給咖啡機滴水槽的面。

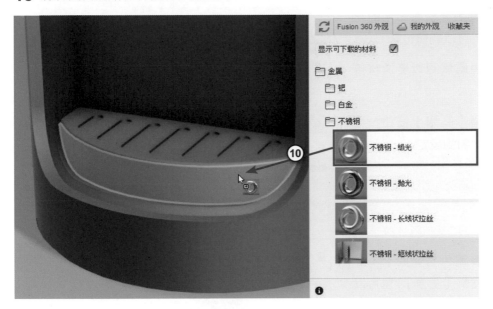

 小秘訣

拖曳材質到模型面上時，此面會呈現亮顯，若沒有亮顯，可以先按 Esc 鍵取消貼材質動作，利用滑鼠滾輪放大畫面，再重新拖曳材質到面上。

11 在材質上按下滑鼠右鍵→【複製】。

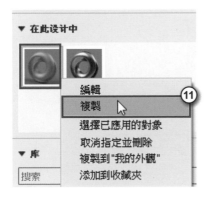

12 在【在此設計中】欄位，左鍵點擊複製出來的材質兩下，可以編輯材質。

13 顏色區域可以變換材質顏色。

14 點擊【高級】按鈕，可進行更詳細的設定。

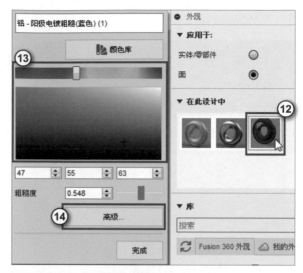

15 點擊顏色右側的【▾】按鈕，點擊【圖像】，也可以更換材質貼圖，任意選一張貼圖，或選擇範例檔〈鋁紋理 .jpg〉。

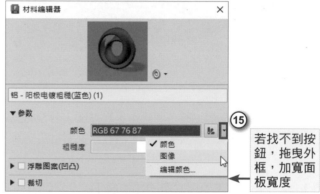

若找不到按鈕，拖曳外框，加寬面板寬度

16 點擊【▾】按鈕，選擇【顏色】並按下【確定】，可以取消貼圖。按下【確定】關閉材料編輯器。

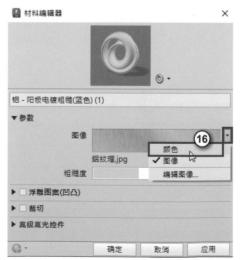

17 先選取咖啡機的兩個面，再將複製的材質拖曳給咖啡機的面，可以快速貼材質給許多面。

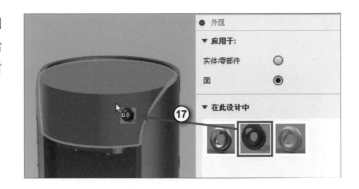

8-1-2 場景設定

01 重複步驟，完成全部材質後，點擊【設置】→【場景設置】指令。

02 在【設置】頁籤中，可以調整環境亮度。勾選【反射】選項，下方會出現反射，【粗糙度】調整反射的模糊程度。

03 切換到【環境庫】頁籤，任意將環境拖曳到畫面中，可套用此環境。（預設環境是銳化高光）

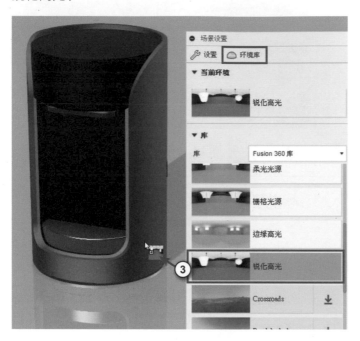

04 回到【設置】，點擊【 ✛ 】按鈕，可以改變環境光的方向。

05 點擊【貼圖】指令，按下左下角的【從我的計算機插入】，選擇〈Coffee.png〉圖片。

06 選取放置貼圖的面。

07【Z角度】輸入 -90，拖曳移動按鈕到適當位置，按下【確定】。

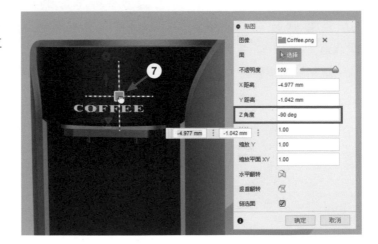

8-1-3 材質紋理設定

01 若想要使用有紋理的材質，開啟【外觀】面板，在材質上點擊左鍵兩下，點擊【高級】開啟材質編輯器。

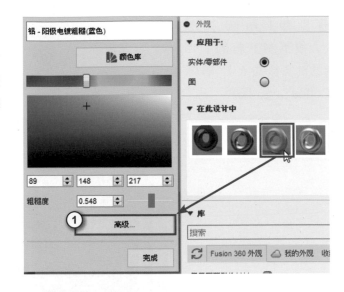

02 點擊右側三角形圖示，選擇【圖像】，選取〈鋁紋理 .jpg〉圖片。

03 如圖所示，點擊圖像右側的圖片，可以編輯圖片尺寸、旋轉角度等。

04 點擊圖片名稱〈鋁紋理 .jpg〉可以自由更換圖片。關閉材料編輯器。

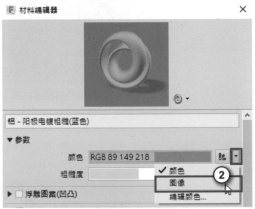

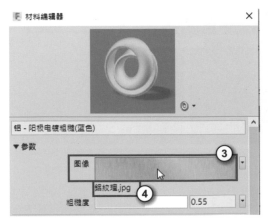

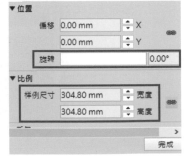

05 在材質上點擊左鍵兩下，可以縮放貼圖大小、旋轉角度，粗糙度會影響反光程度。

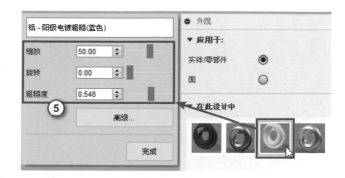

06 完成圖。

07 若要移除貼圖，開啟材料編輯器，點擊右側三角形圖示，選擇【顏色】即可。

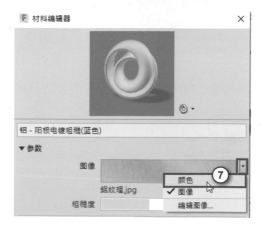

8-2　渲染設定（彩現）

01 延續上一小節的檔案，點擊【畫布內渲染】指令，可直接在視窗中即時渲染。

02 渲染情況如下圖所示，拖曳【優良】下方的三角形可以設定渲染品質。

03 點擊【擷取圖像（捕獲圖像）】按鈕，可擷取目前視窗的畫面。

04 點擊【確定】。

05 可自行設定圖檔名稱與類型。

06 勾選【保存到我的電腦】選項，點擊右側【 ... 】按鈕，可以設定儲存位置。

07 點擊【保存】。

08 點擊【畫布內渲染停止】指令，停止即時渲染。

09 點擊【渲染】指令，可計算畫質較高的圖片。

10 點擊右側【自定義】自訂渲染設定。

11【圖像尺寸】選擇 1280x1024，尺寸越大則渲染時間越久。

12 選擇【本地渲染器】表示在電腦上渲染，【文件格式】選擇 png，可自由選擇是否要勾選【透明背景】。

13【渲染質量】欄位選擇【最終】，此為較高的渲染品質。

14 點擊【渲染】開始渲染圖片。

15 點擊 Fusion 360 視窗底下【渲染作品庫】左邊的 ⊕ 圖示,可以檢視渲染進度與彩現結果。

16 點擊渲染完成的咖啡機圖片。

17 點擊【 ⊥ 】按鈕,可以儲存彩現結果。

18 自行設定檔案名稱與存檔類型後，點擊【存檔】。

💡 **小秘訣**

將材質拖曳給目前使用的材質，可以快速替換材質。如下圖，紅色材質拖曳給藍色材質後，咖啡機就變成紅色。

💡 **小秘訣**

在目前使用的材質中,拖曳材質給另一個材質,可以合併材質。如下圖,紅色材質拖曳給其他材質後,咖啡機就變成紅色,且材質數量減少。

💡 **小秘訣**

在場景設置的視窗，修改相機下方的【縱橫比】，會出現渲染範圍，能夠清楚知道效果圖中產品的位置。

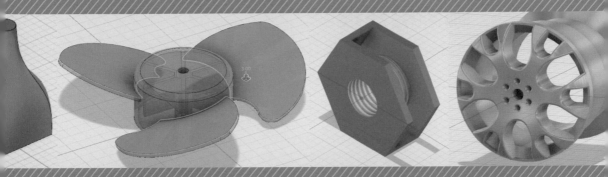

本章節將運用實體建模的指令完成咖啡機的造型建模，包括咖啡機主要外觀、沖煮頭，以及滴水盤。

CHAPTER 09

咖啡機範例（實體）

9-1 咖啡機建模

01 點擊【新增草圖】按鈕，選下方的基準面。

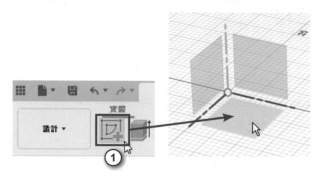

02 點擊【中心直徑圓】按鈕，從原點畫圓，輸入直徑 30，完成草圖。

03 點擊【拉伸】按鈕，將箭頭往上拖曳，高度輸入 50，按下 Enter 鍵。

04 點擊【新增草圖】按鈕，選左側的基準面。

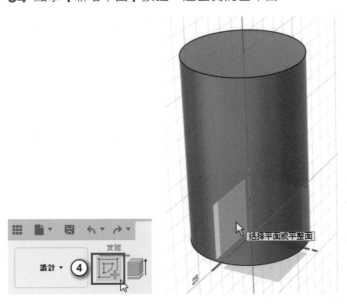

05 點擊【新增】→【投影 / 包含】→【相交】，選擇圓柱面，按下【確定】。

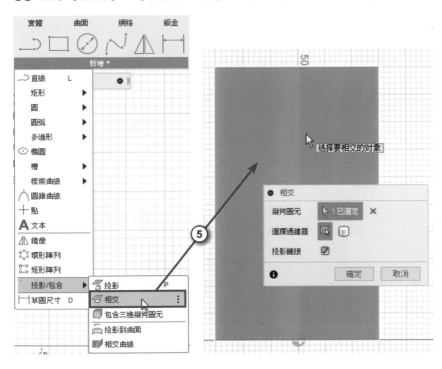

06 點擊【直線】按鈕。

07 從左側邊線繪製 L 型的咖啡機外側形狀。（圖片中的水平線距離底部約 5.5 左右）

08 在點上按住滑鼠左鍵繪製圓弧到線上。

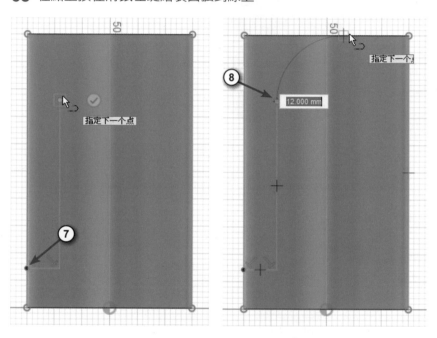

09 點擊【相切】約束，選取圓弧與水平線，完成草圖。

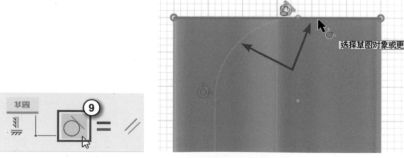

10 點擊【修改】→【分割面】。

11 要分割的面選擇圓柱面。

12 點擊分割工具的欄位，選擇之前繪製的草圖線段。

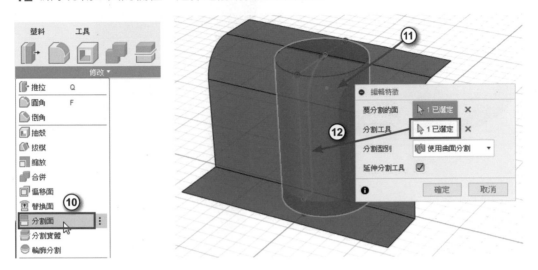

13 點擊【推拉】按鈕。

14 選取分割後的面，距離輸入 -1。

15 點擊【圓角】按鈕，選取下方兩個轉角的邊，半徑輸入 5。

16 點擊【新增草圖】按鈕，選取上方的面作為基準面。

17 點擊【中心直徑圓】按鈕，從原點畫圓，鎖點至內側端點，完成草圖。

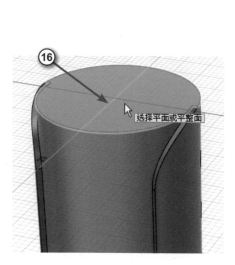
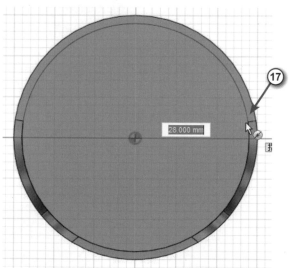

18 點擊【拉伸】按鈕，選取繪製好的圓，拉伸距離輸入 -1，按下 Enter 鍵。

19 點擊【新增草圖】按鈕，選取如圖所示的面作為基準面。

20 點擊【新增】→【投影／包含】→【投影】按鈕。

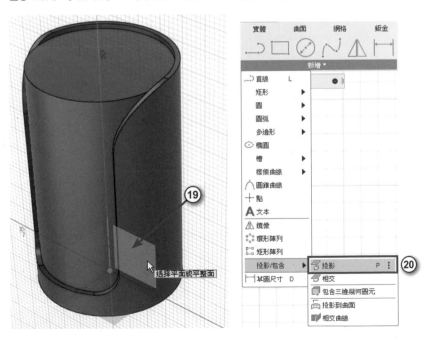

21 選取前方的面,按下【確定】,可以投影面的邊線到目前草圖中,完成草圖。

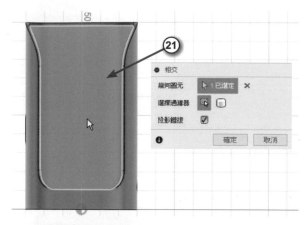

22 點擊【直線】按鈕,繪製線段連接圓角轉折點,完成草圖。

23 點擊【修改】→【分割面】按鈕,要分割的面選擇咖啡機前方的面。

24 點擊分割工具的欄位,選擇線段,按下【確定】。

25 點擊【推拉】按鈕，選取中間的
面，距離輸入 -0.5，按下 Enter 鍵。

26 點擊【修改】→【倒角】按鈕，選
取中間的面，距離輸入 0.5，按下 Enter
鍵。

27 點擊【新增草圖】按鈕，選取如圖
所示的面作為基準面。

28 點擊【新增】→【投影 / 包含】→【投影】按鈕，選取中間的面，按下【確定】，
完成草圖。

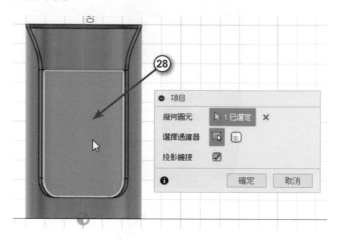

29 點擊【拉伸】按鈕，選取投影的草圖。

30 開始欄位設定「偏移」，偏移值輸入 5。(或藍色箭頭方向相反，則偏移數值 -5)

31 範圍類型選擇【目標對象】，對象選取圓柱表面，操作請選取【剪切】，按下【確定】。

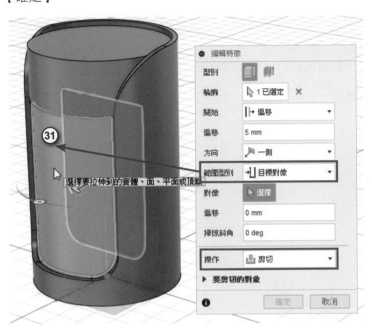

32 完成拉伸。

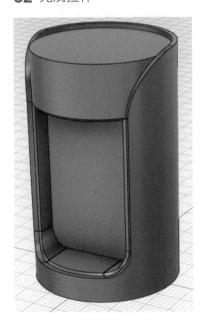

9-2 沖煮頭建模

01 點擊【新增草圖】按鈕，選取如圖所示的面作為基準面。

02 在右上角的視圖方塊，點擊上方的三角形，切換視角到上視圖。

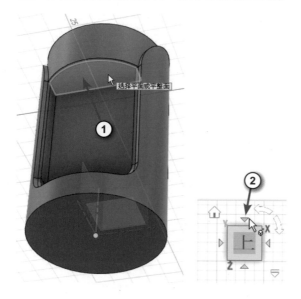

03 點擊【直線】按鈕，從原點往下畫線，選取線段後，點擊【構造】切換為構造線。

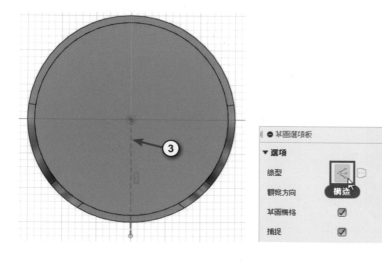

04 點擊【 💻▼ 】→【視覺樣式】→【僅帶可見邊的線框】。

05 點擊【直線】按鈕，從構造線往左畫線，在線的端點上按住左鍵往下畫弧對齊弧的起點。

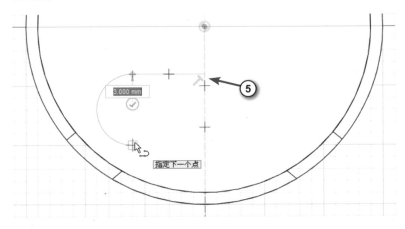

06 繼續畫線到構造線。

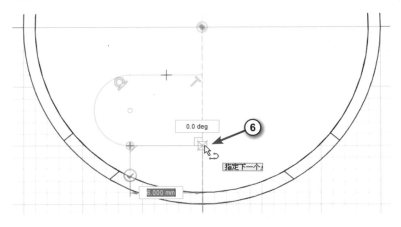

07 點擊【鏡像】按鈕。

08 框選線段與弧，作為鏡像的線段。

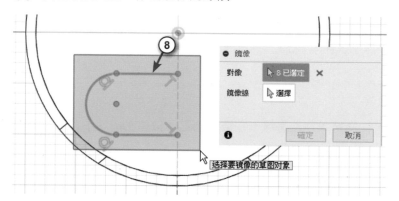

09 點擊鏡像線的欄位，選取構造線，按下【確定】，完成草圖。

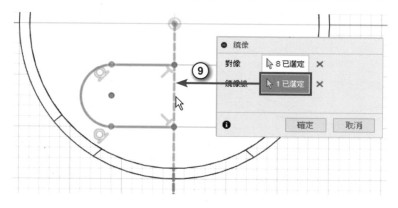

10 點擊【 🖥▾ 】→【視覺樣式】→【僅帶可見邊著色】。

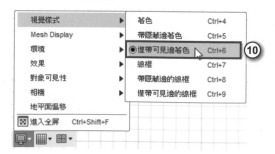

11 點擊【拉伸】按鈕，選取先前繪製的草圖，往下拉伸 0.7。

12 點擊【新增草圖】，選取拉伸後的面作為基準面。

13 點擊【偏移】按鈕。

14 選如圖所示的邊，往內偏移 0.4，按下【反向】按鈕，按下【確定】，完成草圖。

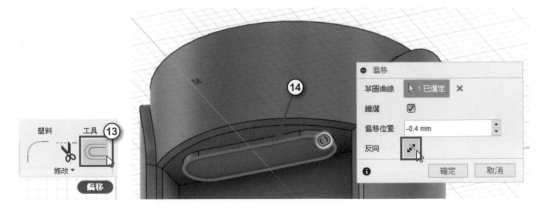

15 點擊【拉伸】按鈕，選取偏移後的的草圖，往下拉伸 1 的厚度。

16 點擊【新增草圖】，選取拉伸後的面作為基準面。

17 點擊【直線】，從左側中點畫至右側中點，點擊【中心直徑圓】，在直線上畫圓。

18 選取直線，轉為構造線，完成草圖。

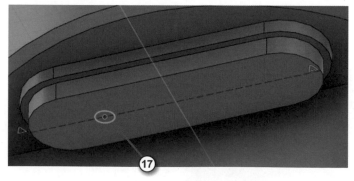

19 點擊【拉伸】按鈕，選取圓，往下拉伸 1。

20 點擊【新增】→【鏡像】按鈕。

21 類別選擇【特徵】，選擇上一個拉伸特徵。

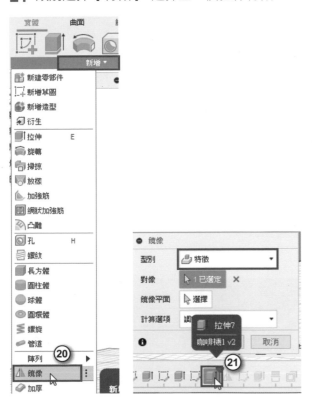

22 點擊鏡像平面的欄位，再選擇如圖所示的基準面，按下【確定】。

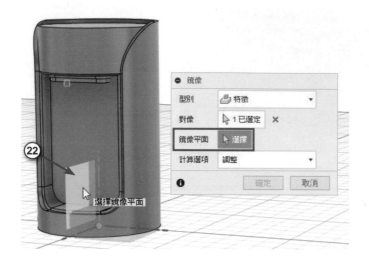

23 點擊【新增草圖】按鈕，選取如圖所示基準面。

24 點擊【直線】按鈕，繪製梯形形狀與垂直的構造線。

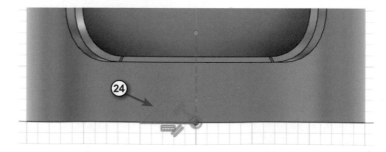

25 點擊【鏡像】按鈕。

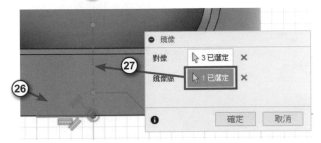

26 選取梯形的三條線。

27 點擊鏡像線的欄位，選取構造線，按下【確定】，完成草圖。

28 點擊【曲面】頁籤→【拉伸】按鈕。

29 選取梯形面，往外拉伸，必須超出咖啡機，因為梯形面是拿來作為分割用。

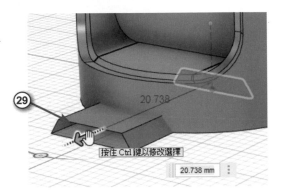

30 回到【實體】頁籤，點擊【修改】→【分割面】按鈕。

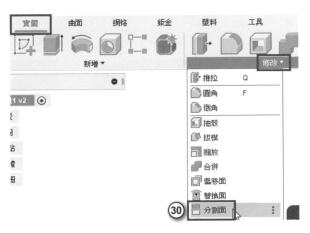

31 要分割的面選取圓柱面。

32 點擊分割工具的欄位，選取梯形曲面，按下【確定】。

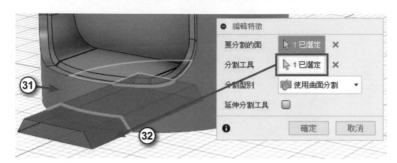

小秘訣
曲面可以關閉眼睛來隱藏。

33 點擊【推拉】按鈕，選取分割後的梯形面，製作如圖的內凹，推拉的數值可以自行給定。

34 點擊【圓角】按鈕，選取轉角邊製作圓角。

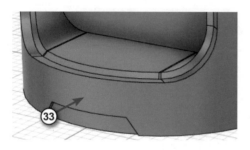

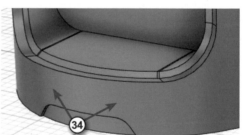

35 點擊【新增草圖】按鈕，選取咖啡機底部作為基準面，點擊【中心直徑圓】按鈕，從原點繪製圓。

36 點擊【拉伸】按鈕，選取圓，往下拉伸 0.6，完成底座。

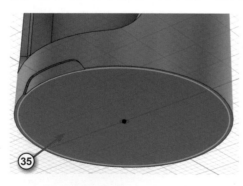

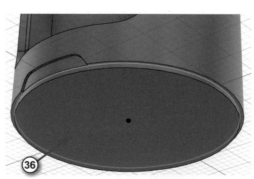

9-3 滴水盤建模

01 點擊【新增草圖】按鈕，選取如圖所示基準面。

02 點擊【中心直徑圓】按鈕，從原點繪製圓作為滴水盤外型。

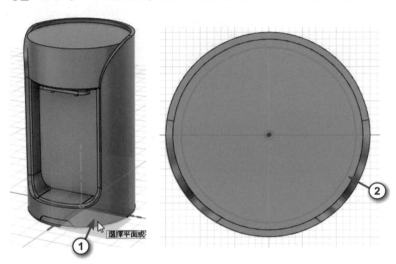

03 點擊【拉伸】按鈕，將圓形面往上拉伸 9，【操作】欄位選擇【合併】。

04 點擊【新增草圖】按鈕，選取滴水盤的面作為基準面。

05 點擊【偏移】按鈕，選取邊，往內偏移 1，並切換為構造線。

 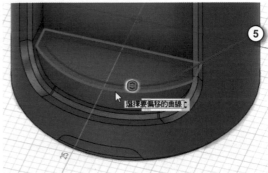

06 點擊【新增】→【槽】
→【整體槽】按鈕。

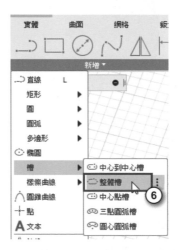

07 點擊構造線的直線與弧
線的中點，繪製一個槽形
狀，輸入直徑 1。

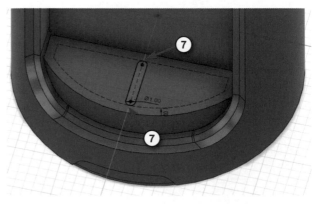

08 按下滑鼠右鍵→【重複整體槽】按鈕。繪製另外三個槽，大小目前還沒調整。

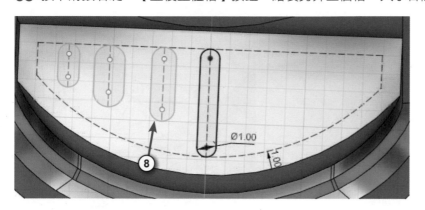

09 點擊【相等】約束。

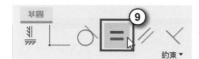

10 選取兩個圓弧，使圓弧大小相等，繼續選取其他圓弧，使所有圓弧大小相等。

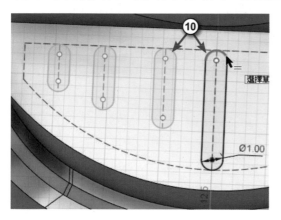

11 點擊【相切】約束。

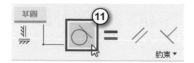

12 選取小圓弧與大圓弧，使圓弧相切。
繼續使另外兩個小圓弧與大圓弧相切。

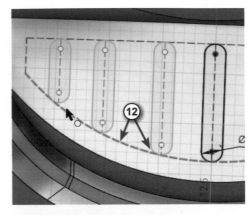

13 點擊【草圖尺寸】按鈕。

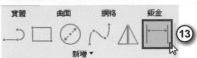

14 選取槽的中心線，標註距離，距離
輸入 2.5。

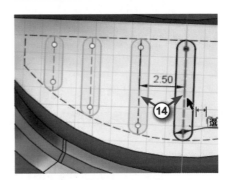

15 滑鼠停留在尺寸上，查詢尺寸代號
為 d53，各位讀者的代號不一定相同。

16 標註另外兩條槽中心線距離，輸入
d53，使距離與 d53 相等。（輸入尺寸
時，也可以直接點擊 2.50 尺寸，會出現
d53 的代號。）

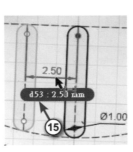

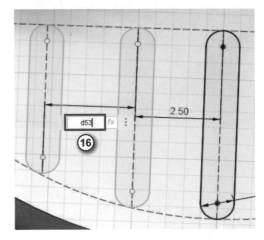

17 標註最後兩條槽中心線距離，輸入 d53。

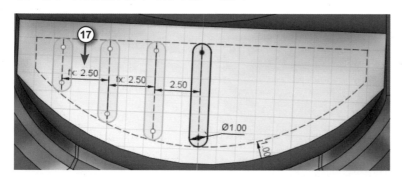

18 從原點往下繪製線
段，切換為構造線。

19 點擊【鏡像】按
鈕，框選三個槽作為鏡
像的對象。

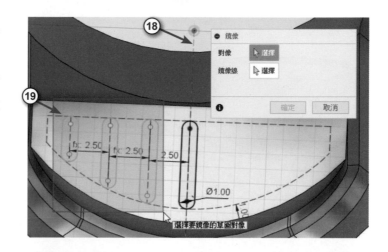

20 點擊鏡像線的欄
位，選取構造線，按下
【確定】並完成草圖。

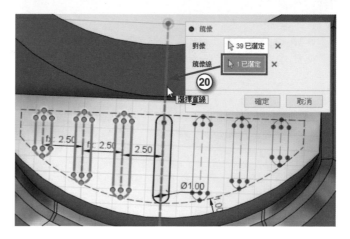

21 點擊【拉伸】按鈕，選取所有槽形面，往下拉伸 -0.2。

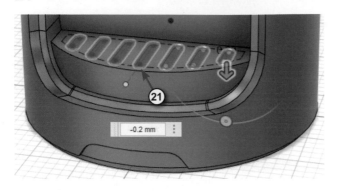

22 加上圓角，完成。

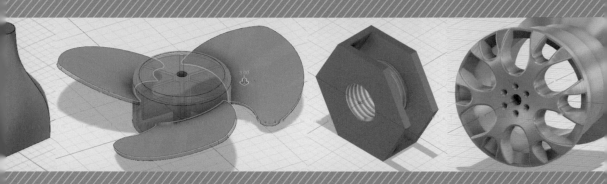

本章節將運用曲面與實體建模的指令完成電熨斗，包括電熨斗的外觀、按鈕，以及如何放置參考圖。

CHAPTER 10

電熨斗範例（曲面）

10-1 放置參考圖

01 點擊【畫布】指令，可以放置參考圖。

02 點擊【從我的計算機插入…】按鈕，選取電熨斗的參考圖〈俯視 .jpg〉。

03 選取 XY 平面。

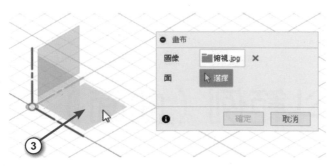

04 點擊【水平翻轉】右側按鈕，【縮放平面 XY】輸入「2」，左右移動圖片大約以原點為中心，點擊【確定】。

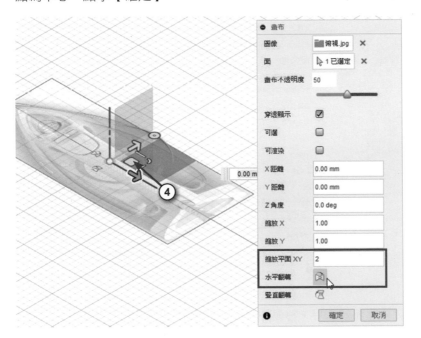

05 點擊【畫布】指令。

06 點擊【從我的計算機插入⋯】按鈕，選取電熨斗的參考圖〈正面 .jpg〉。

07 選取 XZ 平面。

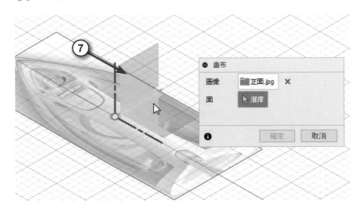

08【縮放平面 XY】輸入「2」，往上移動到原點上方。

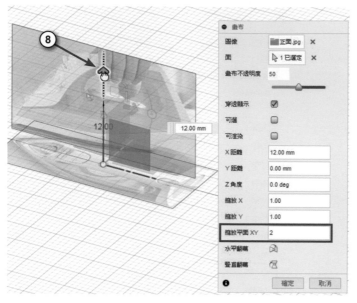

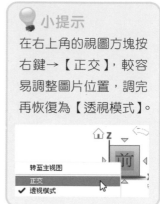

💡 **小提示**

在右上角的視圖方塊按右鍵→【正交】，較容易調整圖片位置，調完再恢復為【透視模式】。

09 旋轉圖片，使電熨斗底部較水平。移動圖片，使俯視與正面圖盡量對齊。

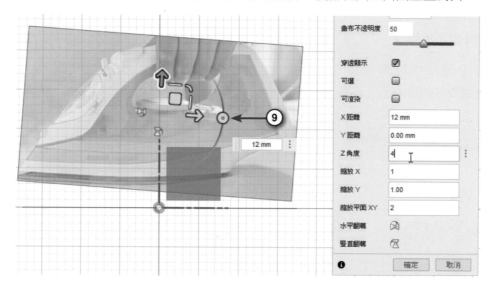

10 使正面圖靠近地面。點擊【新增草圖】指令，選取 XY 平面。

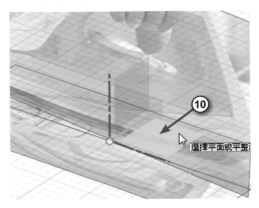

10-2 電熨斗建模

01 點擊下方的【柵格和捕捉】按鈕→取消勾選【佈局柵格鎖定】與【增量移動】。

02 點擊【直線】指令。從原點往左畫線，並變更為構造線。

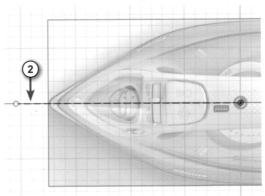

03 點擊【擬合點樣條曲線】指令。

04 從構造線繪製電熨斗外型，按下【 ⊘ 】打勾按鈕。

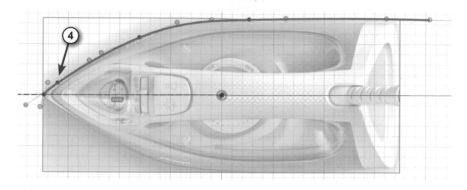

05 拖曳曲線起點的綠色把手的綠色圓點，旋轉把手
接近垂直。點擊【水平 / 垂直】約束，選取曲線起點的
綠色把手線段。

06 點擊【鏡像】指令。

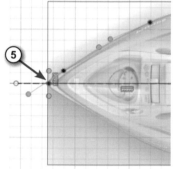

07 選取曲線作為鏡像對象。

08 點擊【鏡像線】欄位，選取構造線，按下【確定】。完成草圖。

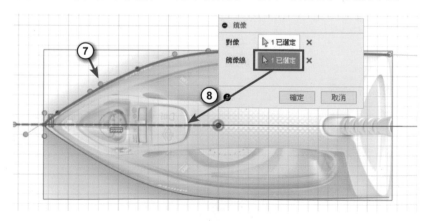

09 點擊【新增草圖】指令，選取 XZ 平面。

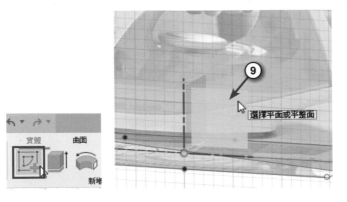

10 點擊【擬合點樣條曲線】指令。

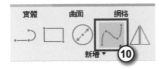

11 繪製電熨斗外型。

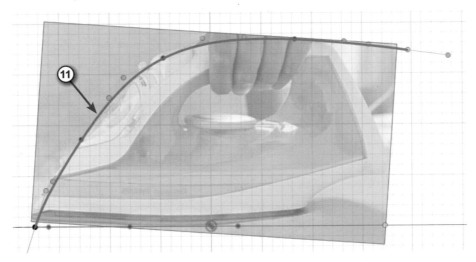

12 選取曲線的起點 與 之前
繪製的曲線的起點。

13 點擊【重合】約束。完
成草圖。

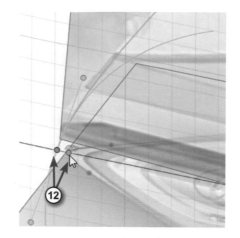

14 點擊【新增草圖】指
令，選取 YZ 平面。

15 勾選【三維草圖】，可以
繪製 3D 線段。

16 點擊【擬合點樣條曲線】指令。依序點擊曲線的三個終點，按下打勾按鈕。

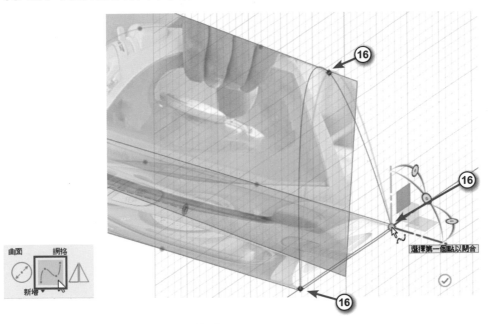

17 選取曲線，再選取綠色把手的點。

18 按下滑鼠右鍵→【移動複製】。

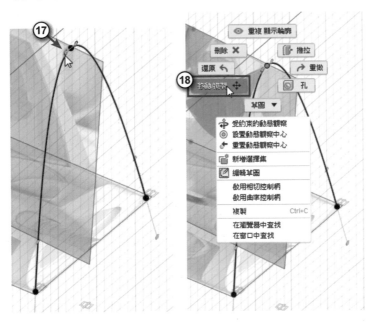

19 往右移動箭頭，可以修改曲線弧度，按下【確定】。

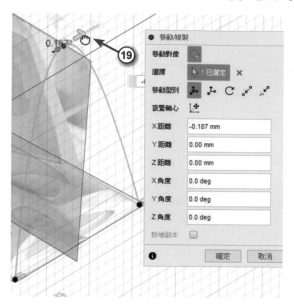

20 關閉【三維草圖】。

21 點擊【曲面】→【新增】→【放樣】指令，連接曲線來建立曲面。

22 選取第一條曲線。

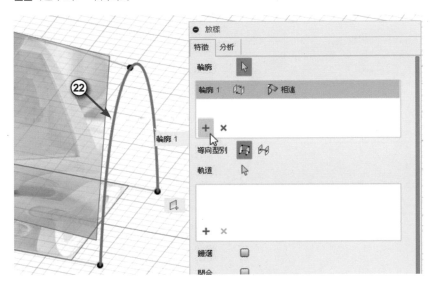

23 按下輪廓下方的【＋】按鈕，再選另兩條曲線。

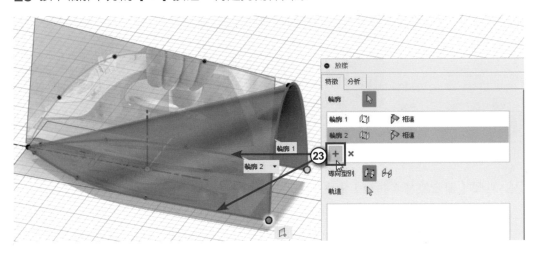

24 按下軌道下方的【＋】按鈕，選上方的曲線，按下【確定】完成曲面。

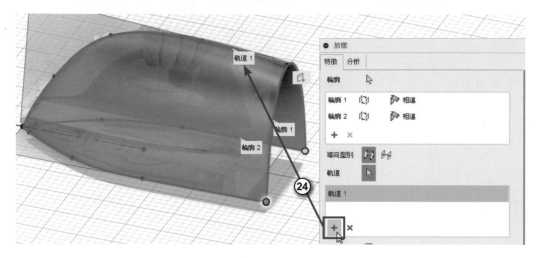

25 點擊【新增草圖】指令，選取 XZ 平面。

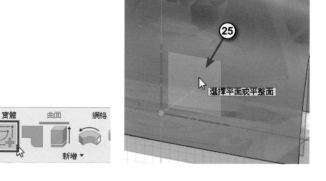

26 點擊【擬合點樣條曲線】指令。

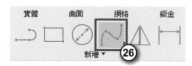

27 繪製電熨斗中間把手造型。完成草圖。

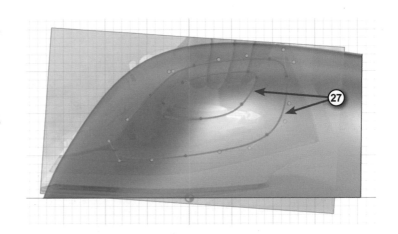

28 隱藏畫布，畫面比較清楚。

29 點擊【曲面】→【修剪】指令。

30 先選取修剪曲面的剪刀。

31 再選左右兩個要刪除的曲面，按下【確定】。

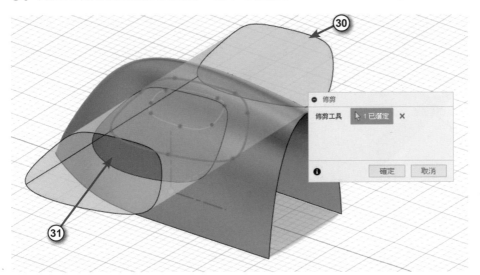

32 修剪完成。

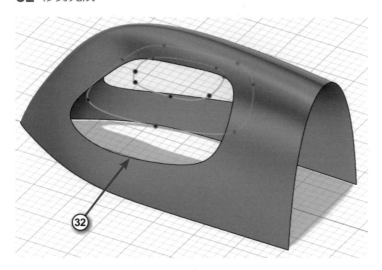

33 使用【放樣】指令，依序點擊左開口邊、中間內側曲線、右開口邊，按下【確定】完成曲面。

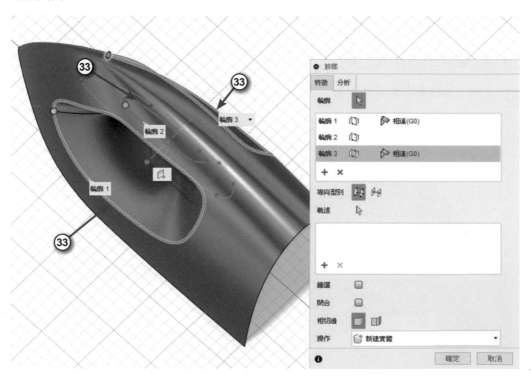

34 點擊【新增草圖】指令，選取 XZ 平面。

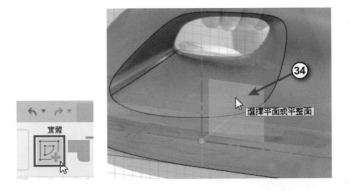

35 點擊【擬合點樣條曲線】指令。

36 繪製電熨斗外型，曲線必須互相相交，且框起來的地方需超出曲面，否則之後無法轉為實體。

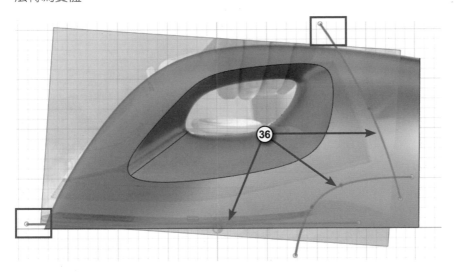

37 點擊【曲面】→【拉伸】指令。

38 方向設為【對稱】，拖曳箭頭往外拉伸，需超出曲面按下【確定】。

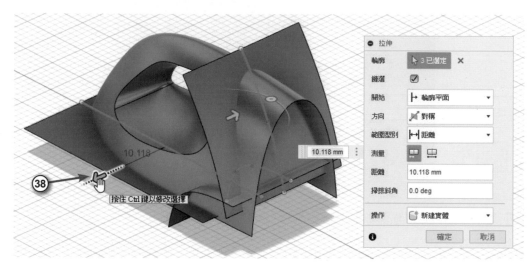

39 點擊【曲面】→【新增】→【邊界填充】指令。

40 在瀏覽器，選取五個實體作為邊界。

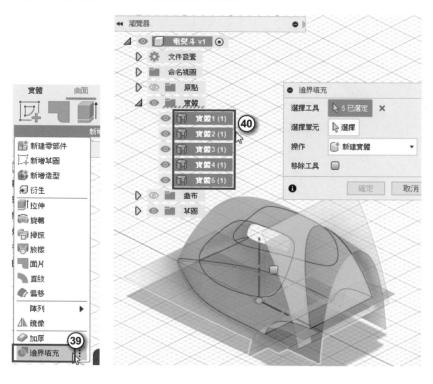

41 點擊【選擇單元】欄位，勾選要保留的實體，按下【確定】。

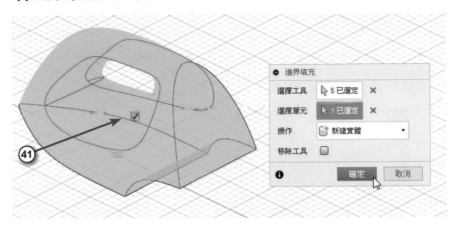

42 隱藏所有曲面的實體。

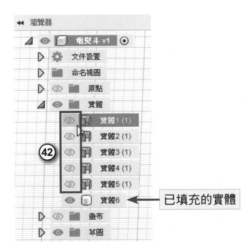

43 完成圖如下。

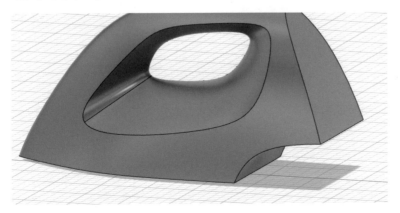

10-3 細節建模

01 點擊【新增草圖】，選取 XZ 平面。

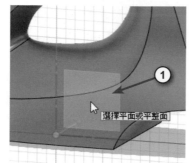

02 利用【直線】、【圓弧】與【圓角】指令，繪製電熨斗的蓋子、按鈕與開關等細節，完成草圖。

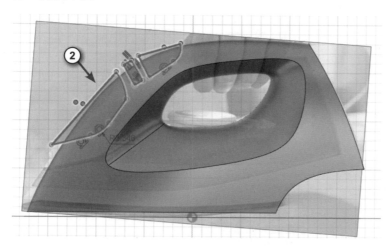

03 點擊【修改】→【分割面】指令。

04 選取電熨斗曲面作為要分割的面。

05 點擊【分割工具】欄位，選取其中一個草圖線段，按下【確定】。

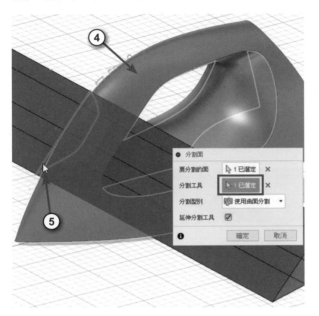

06 分割後草圖會被隱藏，在左上角瀏覽器，取消隱藏草圖。

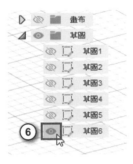

07 重複【分割面】指令，完成另外兩個草圖線段的分割。

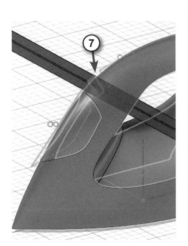

08 滑鼠左鍵點擊兩下草圖特徵，編輯草圖。

09 點擊【偏移】指令。

10 選取最下方的線段，拖曳箭頭往內偏移，製作蓋子的溝縫。完成草圖。

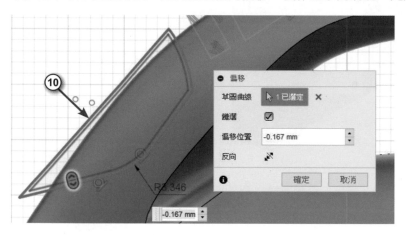

11 點擊【修改】→【分割面】指令。

12 選取草圖內的曲面作為要分割的面。

13 點擊【分割工具】欄位，選取先前偏移的線段，按下【確定】。

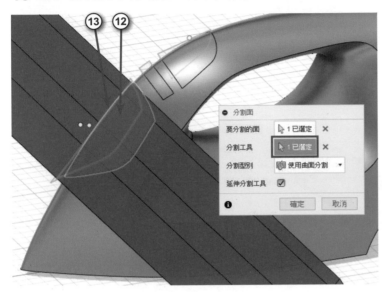

14 點擊【修改】→【推拉】。

15 選取兩個面，拖曳箭頭往下推拉或距離輸入 -0.2，按下【確定】。

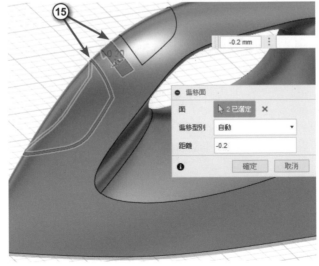

16 點擊【取消縫合】指令。

17 取消勾選【鏈選】，選取上方的面，按下【確定】。

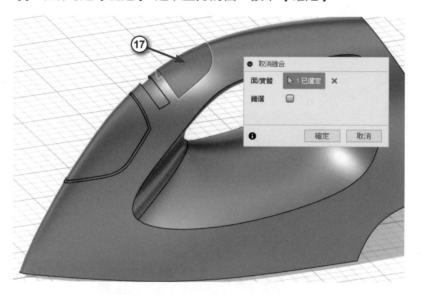

18 在左側瀏覽器，可以確認實體已分為兩個曲面。

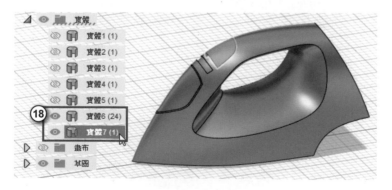

19 選取上方的曲面，按下
滑鼠右鍵→【移動複製】。

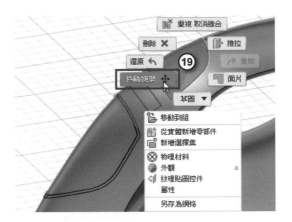

20 選擇移動的類型。

21 將曲面往上移動。

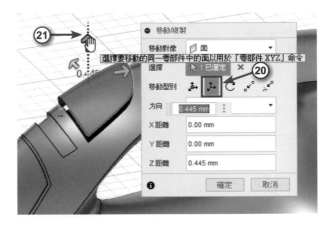

22 點擊【曲面】→【新增】→【放樣】指令。

23 勾選【鏈選】，可以選取連續邊。選擇兩條邊線，完成側邊曲面。

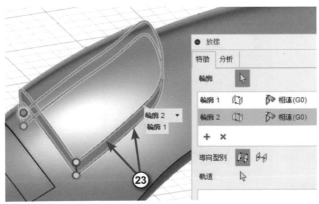

24 點擊【縫合】指令。

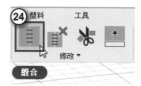

25 選取三個曲面，按下【確定】，再度縫合。

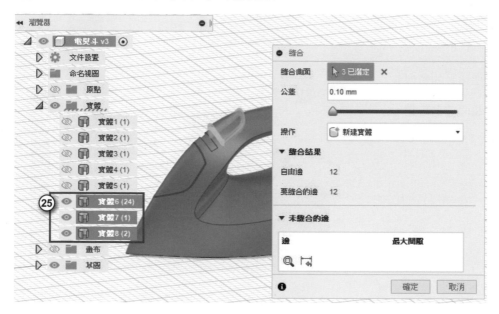

26 點擊【新增草圖】指令，選取 XZ 平面。

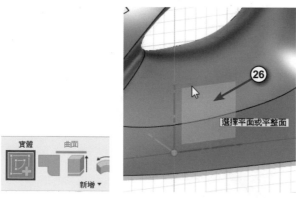

27 繪製電熨斗上的零件分割線。完成草圖。

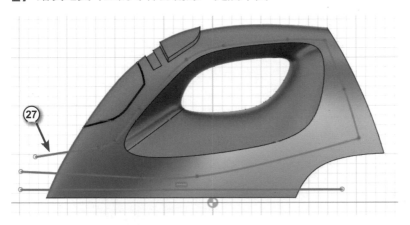

28 點擊【拉伸】指令。

29 選取全部線段，方向設為【對稱】，拖曳箭頭拉伸曲面，曲面必須超出電熨斗。

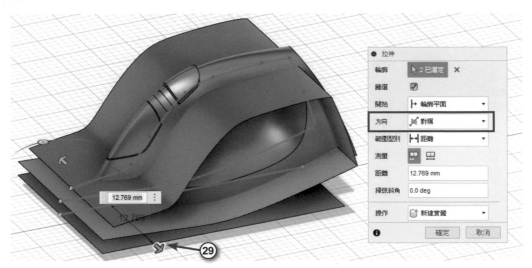

30 點擊【修改】→【分割面】指令。選取電熨斗曲面作為要分割的曲面。

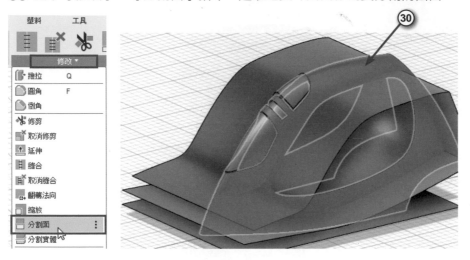

31 點擊【分割工具】欄位，選取先前拉伸的曲面，按下【確定】。

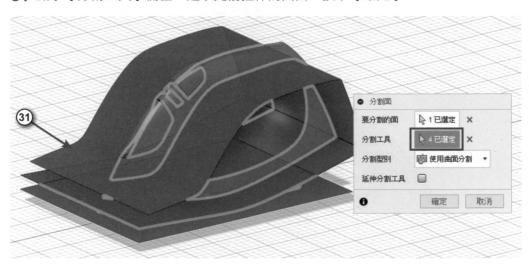

32 在瀏覽器，隱藏拉伸的曲面。

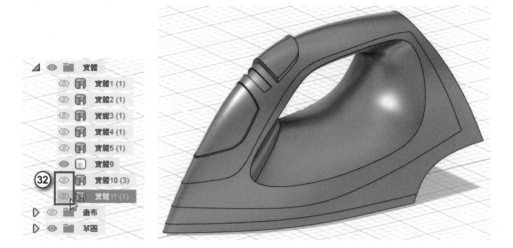

33 點擊【實體】→【圓角】指令。

34 選取邊，拖曳箭頭製作圓角。

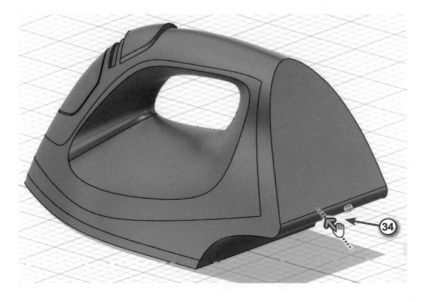

35 完成其他小圓角，如左圖。修改草圖 4 的形狀，使內圈線段的下方比較平緩，之後要增加溫度旋鈕，如右圖。

36 點擊【新增草圖】，選取 XZ 平面。

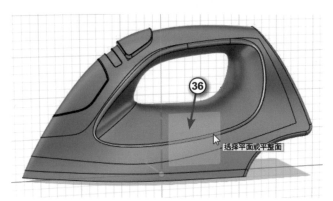

37 點擊【三點矩形】指令，繪製一個矩形開關。

38 點擊【拉伸】指令，方向設定【對稱】，將矩形往兩側拉伸。

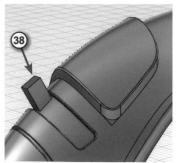

39 在瀏覽器，開啟實體 1 的眼睛，此為製作電熨斗外觀時使用的曲面。

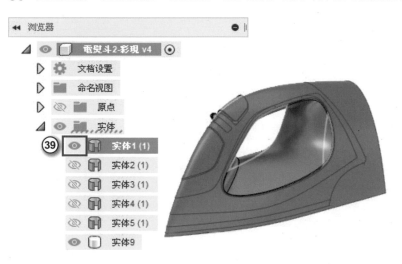

40 將【延伸分割工具】取消選取。

41 點擊【修改】→【分割實體】指令，先選取電熨斗。

42 點擊【分割工具】右側的【選擇】，選取曲面來分割實體，可以分割出電熨斗按鈕。

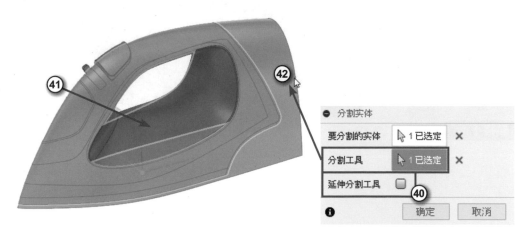

43 若切割到其他實體，點擊【修改】→【合併】指令，選取兩個實體做合併，按下【確定】。（也可以改變建模順序，先分割實體再長出開關。）

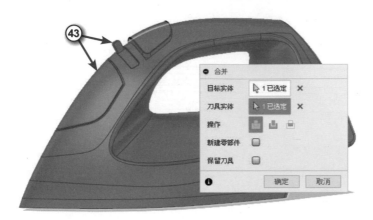

44 點擊【偏移平面】指令，選取底部的 XY 平面，往上拖曳箭頭，移到電熨斗之上即可。

45 點擊【新增草圖】，選偏移的平面，從原點繪製中心矩形，矩形的左側要超過電熨斗按鈕。

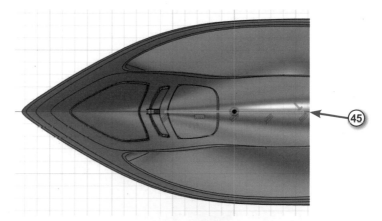

46 點擊【拉伸】指令，選取矩形往下拉伸，【操作】選擇【剪切】。

47 展開【要剪切的對象】，取消勾選【實體9】，拉伸只影響電熨斗按鈕，不影響整個電熨斗。

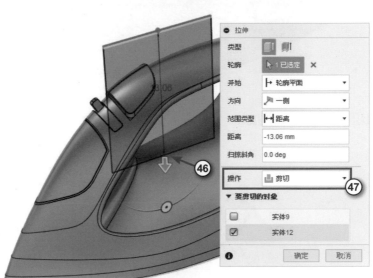

48 拉伸後再加入圓角，完成如右圖。

10-4 溫度旋鈕

01 點擊【新增草圖】，選 XY 平面。從原點往右繪製構造線，在構造線上繪製一個圓。

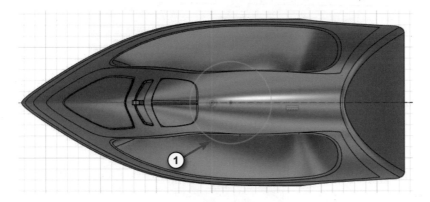

02 點擊【拉伸】指令，選取圓，往上拉伸，【操作】選擇【合併】。

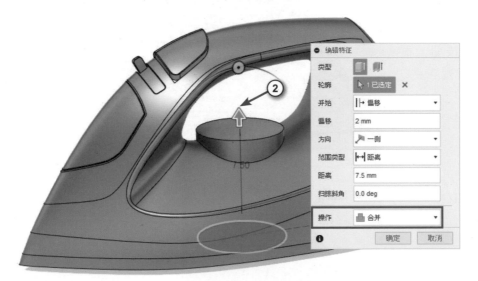

03 點擊【圓角】指令，選取圓柱下方的邊。

04【半徑類型】選擇【變量】，可以做出變化半徑的圓角。

05 在【半徑點】下方按下【＋】。

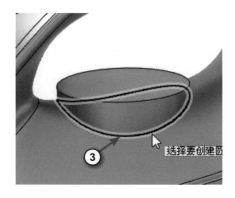

06 在邊上點擊四個點，可以設定四個半徑。

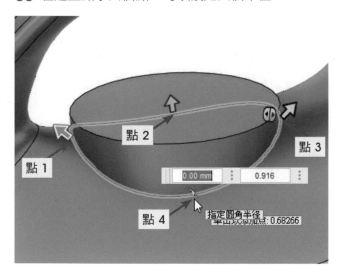

07 設定如下圖，點 2 與點 4 到圓柱最上面的高度較高，半徑設定較大的 1.5，點 1 與點 3 高度不足，半徑設定 0.5。

08 右側的 0、0.25、0.50、0.75 表示四個點在邊上的位置比例，按下【確定】。

09 完成變化圓角。

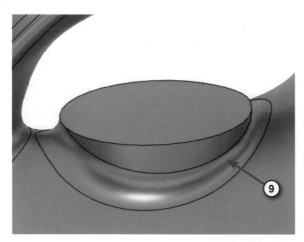

10 點擊【新增草圖】指令，選圓柱面，繪製一個同心圓。

11 點擊【拉伸】指令，將圓形往上拉伸，製作溫度旋鈕。

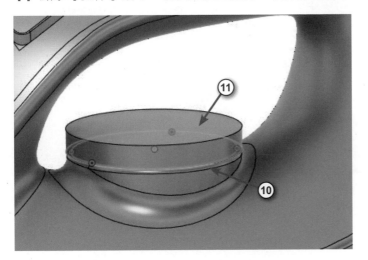

12 可以自行加入圓角或其他小細節，完成電熨斗。

13 參考第八章渲染的流程，設定材質與環境，並渲染效果圖。

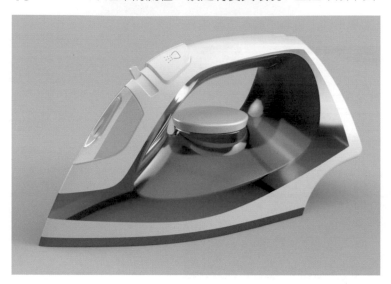

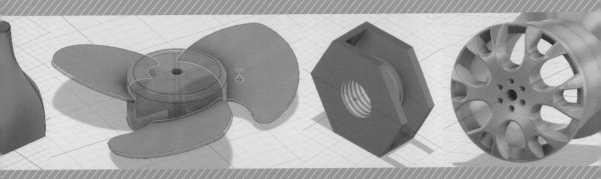

本章節將運用造型建模的指令完成耳機麥克風，包括耳罩、頭戴與麥克風三個部位。

CHAPTER **11**

耳麥範例（造型）

11-1 耳罩與頭戴建模

01 點擊【實體】→【新增造型】指令，可以建立自由的曲面造型。

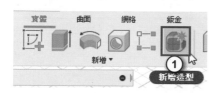

02 點擊【圓柱體】指令。選擇 YZ 平面。

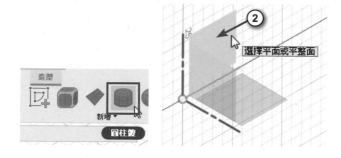

03 從原點繪製任意大小圓形。

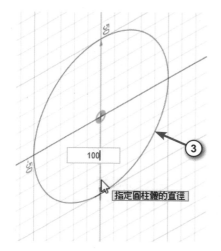

04 在視窗中，輸入直徑 100，其他可自行調整，按下【確定】。

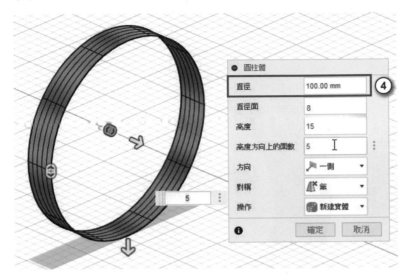

05 滑鼠左鍵點擊兩下最右側的邊，可以選取整個圓形邊。

06 點擊【編輯形狀】指令。

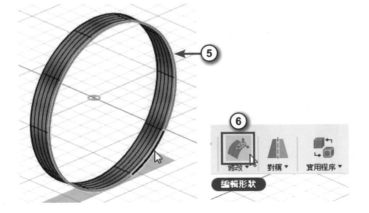

07 按住 Alt 鍵並往右拖曳箭頭，可以延伸面。

08 拖曳中間圓點，等比例縮小右側邊緣。

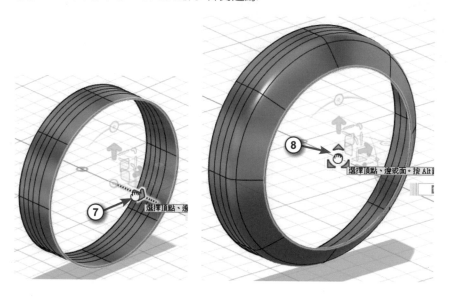

09 按住 Alt 鍵並往左拖曳箭頭延伸面讓邊緣內凹。

10 拖曳中間圓點，等比例縮小。

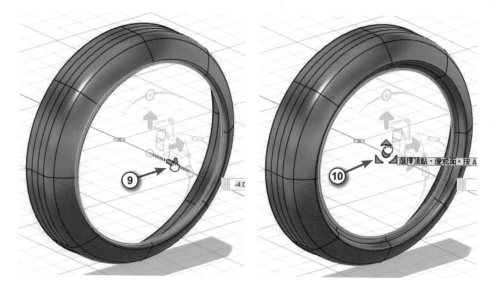

11 按住 [Alt] 鍵並往右拖曳箭頭延伸面。

12 按住 [Alt] 鍵並拖曳中間圓點，可以延伸面並縮小面。

13 往右拖曳箭頭調整形狀，按下【確定】。

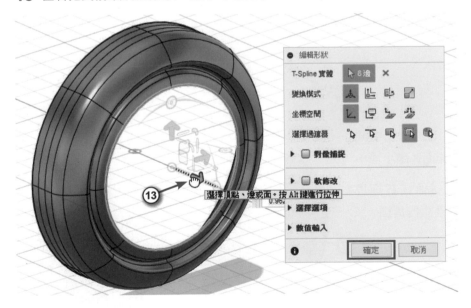

14 點擊【修改】→【補孔】，填充孔模式選擇【收攏】，補完後如下圖所示。

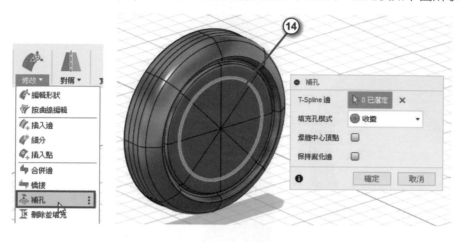

15 環轉視角到左側，滑鼠
左鍵點擊兩下最左側的邊，
選取圓形邊。

16 點擊【編輯形狀】指令。

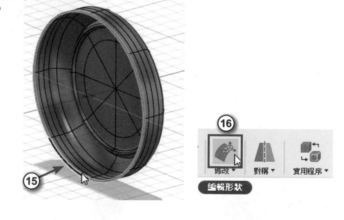

17 按住 Alt 鍵並拖曳中間
圓點，可以延伸面並縮小面。

18 按住 Alt 鍵並往右拖曳
箭頭延伸面，產生內摺面。

19 點擊【修改】→【補孔】，補完後如
右圖所示。

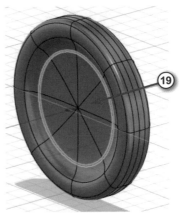

20 點擊【四分球】指令。選取 YZ 平
面。

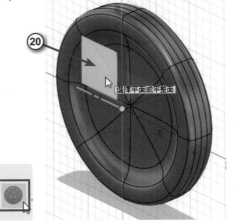

21 從原點繪製球體，拖曳箭頭調整球的直徑。

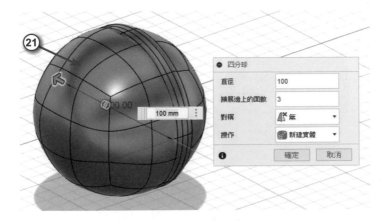

22 滑鼠左鍵點擊兩下球體的面，全部選取。

23 點擊【編輯形狀】指令。

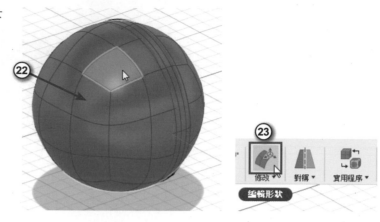

24 變換模式選擇【 ⬚ （縮放）】，拖曳縮放的箭頭，壓扁球體。

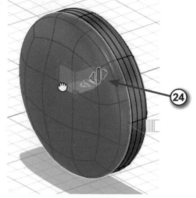

25 變換模式選擇【 ⬚ （多個）】，調整位置。

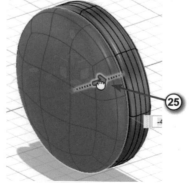

26 點擊【新增】→【圓環體】指令。選取 YZ 平面。

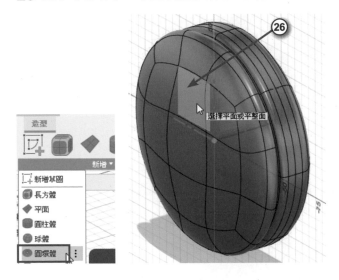

27 從原點繪製任意大小圓環，再輸入直徑 1 與直徑 2 尺寸，按下【確定】。

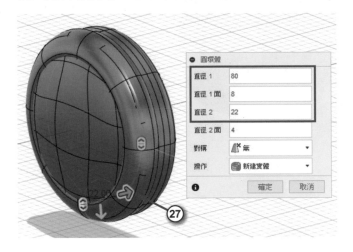

28 滑鼠左鍵點擊兩下球體的面，全部選取。

29 點擊【編輯形狀】指令。

30 往左移動到適當位置，完成耳墊製作。

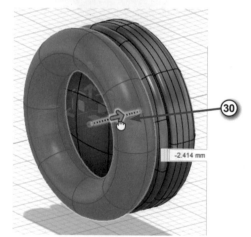

31 按住 Ctrl 鍵選取上方 8 個面，如圖所示。

32 點擊【編輯形狀】指令。

33 按住 Alt 鍵並往上拖曳箭頭擠出面。

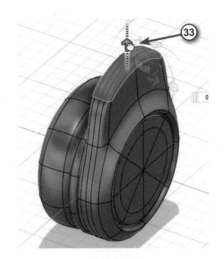

34 變換模式選擇【 ▨ （縮放）】，拖曳縮放的箭頭，橫向縮小與垂直壓平。

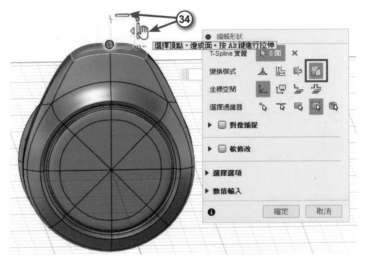

35 點擊【新增草圖】指令，選取 XZ 平面。

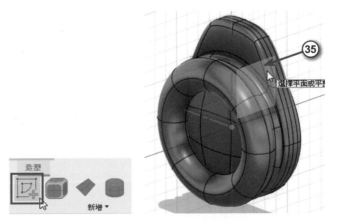

36 在左上角瀏覽器，隱藏實體。

37 點擊【直線】指令，從原點往上繪製直線，並轉為構造線。

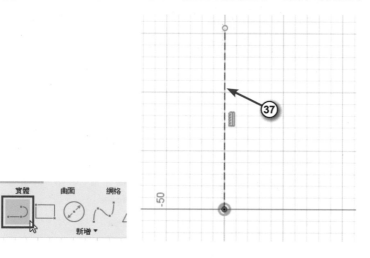

38 點擊【新增】→【圓弧】→【圓心圓弧】指令，依序點擊原點，圓弧起點、圓弧終點，繪製耳麥頭戴的路徑，標註圓弧半徑為「90」。

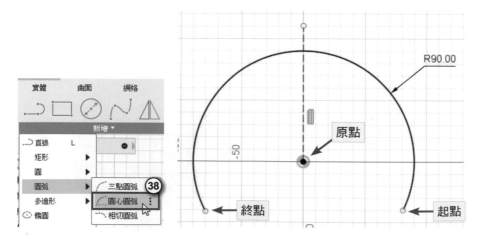

39 點擊【對稱】約束，先選取圓弧起點與終點，再選取中心線。

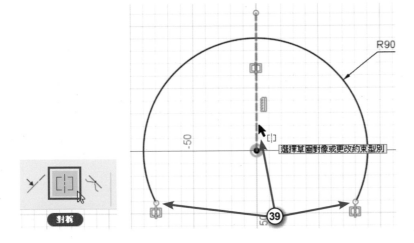

40 點擊【完成草圖】。

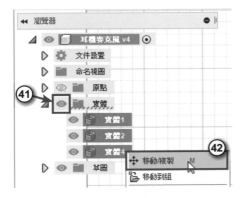

41 在左上角瀏覽器，取消隱藏全部實體。

42 選取三個實體，按下右鍵→【移動／複製】。

43 移動至圓弧起點，旋轉至符合圓弧末端的角度。

44 點擊【對稱】→【鏡像 - 複製】指令。

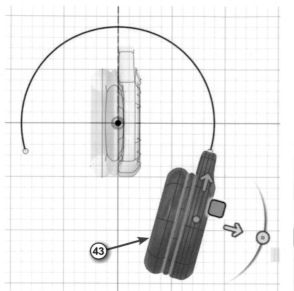

45 先選右邊實體。

46 再點擊鏡像平面的欄位，選擇 YZ 平面，按下【確定】。

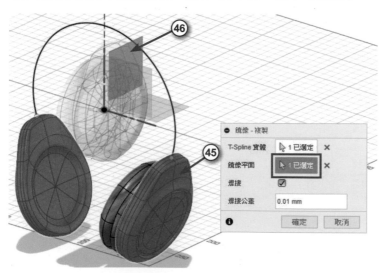

47 按下滑鼠右鍵→【重複鏡像 - 複製】。重複同樣步驟，完成另外兩個實體的鏡像。

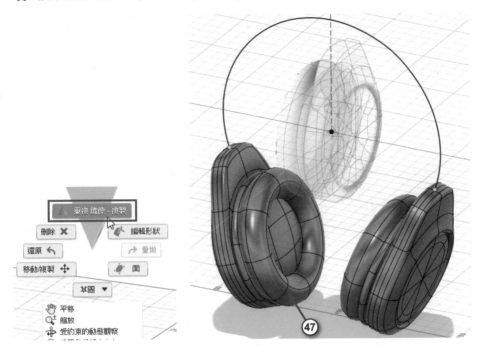

48 點擊【修改】→【橋接】指令。

49 選取耳機右上方的面，如圖所示。

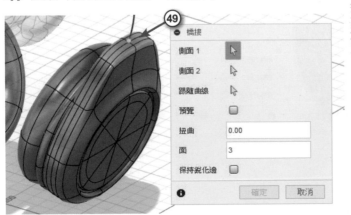

50 點擊【側面 2】的欄位，選取耳機左上方對應的面數。

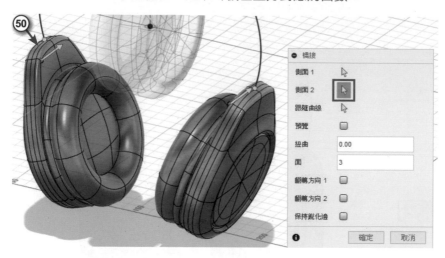

51 點擊【跟隨曲線】的欄位，選取圓弧，勾選【預覽】與【反轉曲線】，【面】輸入「10」，按下【確定】。點擊【完成造型】。

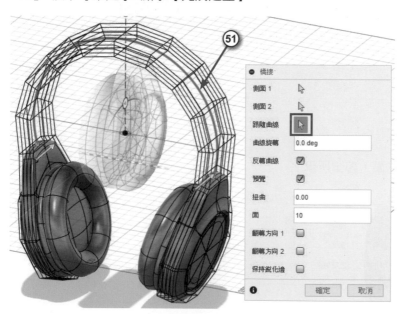

11-2 細節建模

01 點擊【新增草圖】指令。

02 選取 YZ 平面。

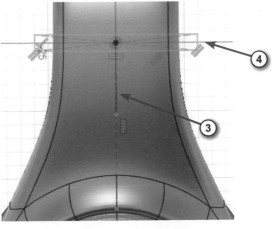

03 先從原點往下繪製直線，並轉為構造線。

04 點擊【新增】→【矩形】→【中心矩形】指令，從構造線繪製中心矩形，寬度超過耳機。

05 點擊【直線】指令，從構造線往左繪製頭戴的伸縮縫。

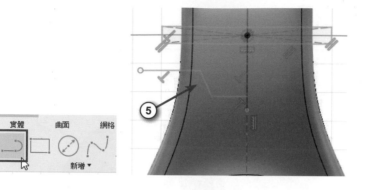

06 點擊【鏡像】指令，選取三條直線。

07 點擊【鏡像線】欄位，選取構造線，按下【確定】。

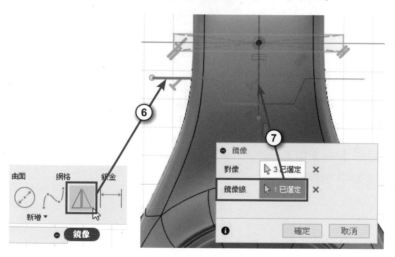

08 點擊【偏移】指令，選取直線，設定偏移距離。

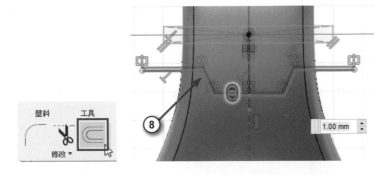

09 標註矩形的尺寸，畫直線連接缺口，完成草圖。

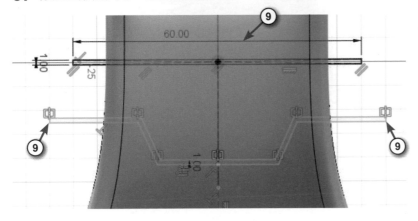

10 點擊【修改】→【分割面】指令。

11 選取耳機面作為分割面。

12 點擊【分割工具】欄位，選取草圖的直線，按下【確定】。

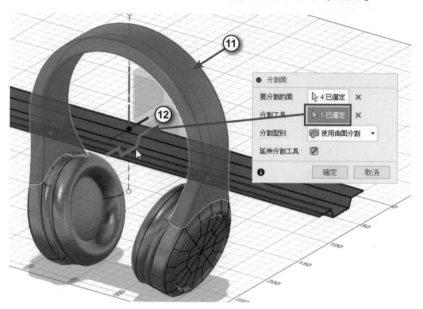

13 在左上角瀏覽器，取消隱藏草圖。

14 重複分割面的指令，選取耳機面作為分割面。

15 點擊【分割工具】欄位，選取矩形，按下【確定】。

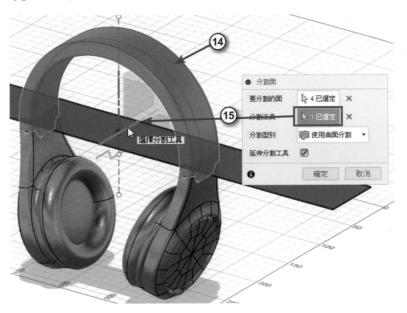

16 點擊【推拉】指令。

17 選取分割完成的面，輸入距離 -1.5 往內推。

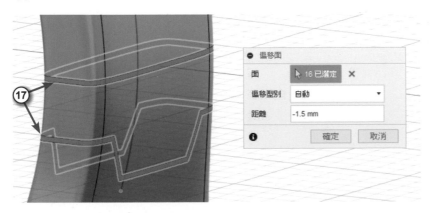

18 在右上角視圖方塊按下滑鼠右鍵→【透視模式】。

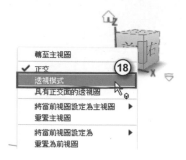

19 完成耳麥的造型設計。

11-3 麥克風建模

01 在造型特徵上點擊左鍵兩下，編輯耳罩造型。

02 點擊【編輯形狀】指令。

03 座標空間選擇【  】，使座標與選取的面垂直。

04 選取耳罩的平面，往外移動使凸出，讀者可自行設計外觀、增加階梯造型等，需注意下圖所選取的面保持平面的狀態，使後面麥克風的建模步驟較順利。

05 點擊【新增草圖】指令，選取 XZ 平面（耳麥正面的方向）

06 點擊【新增】→【投影 / 包含】→【投影】，選取外側的線段，按下【確定】。

07 再繪製直線對齊投影線。

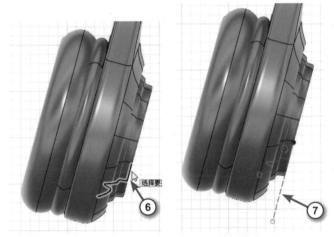

08 點擊【構造】→【夾角平面】，選取上一步驟繪製的直線來建立平面，若方向不同可以修改角度，按下【確定】。

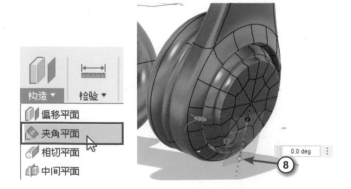

09 點擊【新增草圖】指令，選擇新建立的平面。

10 在耳罩左下角繪製一個圓形，用來連接耳罩與麥克風，完成草圖。（以下步驟的尺寸，讀者可任意設計。）

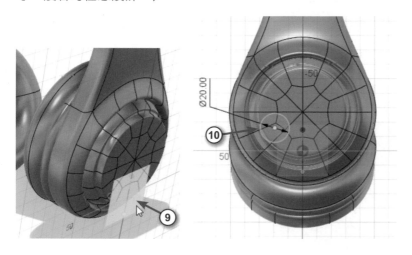

11 點擊【拉伸】指令，【方向】設定【兩側】，將圓形往兩側長出，其中一側要完全埋入耳罩內，另一側稍微凸出平面。

12 重複繪製圓形與拉伸步驟，再長出一個圓柱。

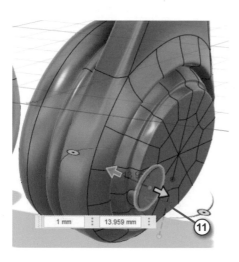

13 點擊【新增草圖】指令，選取上一步驟圓柱的平面，繪製如下圖所示的形狀，完成草圖。（尺寸僅供參考）

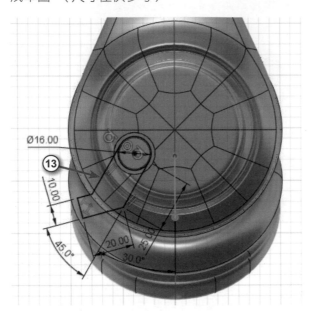

14 點擊【拉伸】指令，將此形狀長出厚度。

15 點擊【新增草圖】指令，選取矩形面。

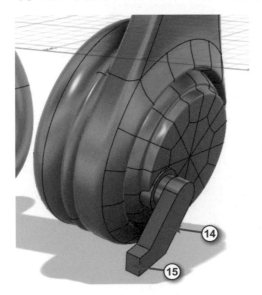

16 點擊【偏移】指令，選取矩形往內偏移，完成草圖。

17 點擊【拉伸】指令，將矩形面往內凹陷。

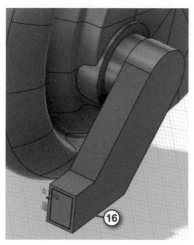
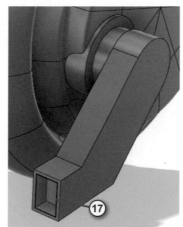

18 點擊【新增草圖】指令，選取凹陷的矩形面。點擊【偏移】指令，選取矩形往內偏移，完成草圖。

19 點擊【新增草圖】指令，選取凹陷下方的矩形平面。

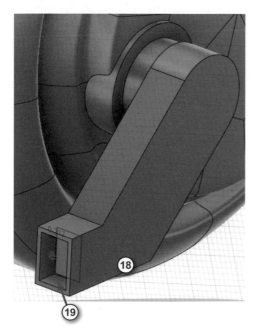

20 使用【三點圓弧】指令，繪製圓弧，如下圖，完成草圖。

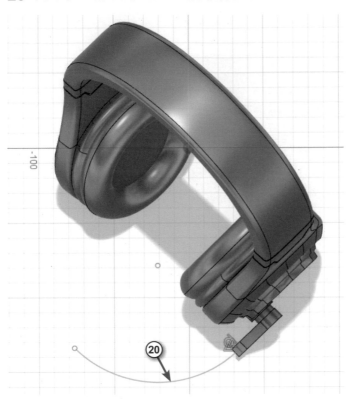

21 點擊【新增】→【掃掠】指令。

22【輪廓】選擇步驟 18 的矩形面。

23 點擊【路徑】右側的【選擇】，選取上一步驟繪製的圓弧，完成掃掠。

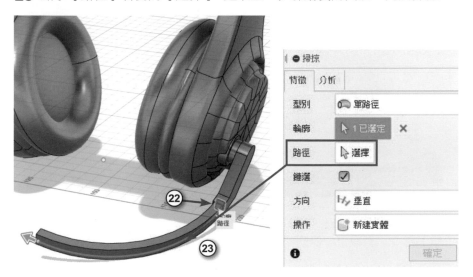

24 點擊【新增草圖】指令，選取掃掠後的矩形面。點擊【偏移】指令，選取矩形往外偏移，完成草圖。

25 點擊【拉伸】指令，將矩形面往外長出。

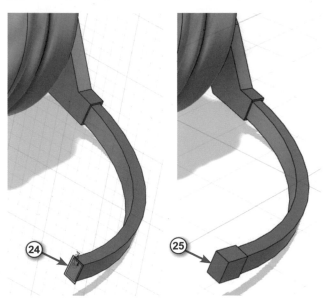

26 點擊【新增草圖】指令，選取箭頭指示的矩形面。

27 繪製麥克風形狀，完成草圖。

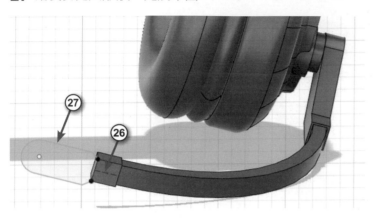

28 點擊【拉伸】指令，選取上一步驟的形狀。

29 再點擊箭頭指向的點，使形狀長到點的深度。

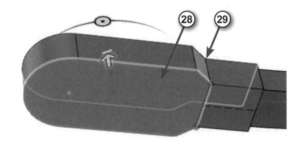

30 完成如左圖，剩下的小細節，讀者可自行設計，如右圖的範例。

31 參考第八章渲染的流程，設定材質與環境，並渲染效果圖。

32 補充說明，若需要發光材質，可在外觀面板中【其他】→【發射】找到 LED 發光
材質，並拖曳到需要發光的面上。

33 在材質上點擊左鍵兩下，編輯材質，修改【照度】調整發光亮度。

34 上方可調整顏色，需注意照度太高，會變成白色。

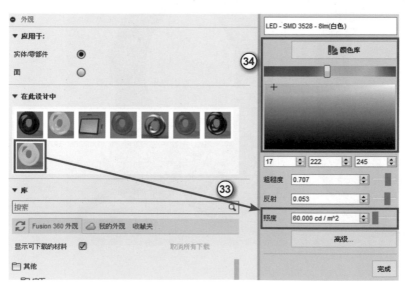

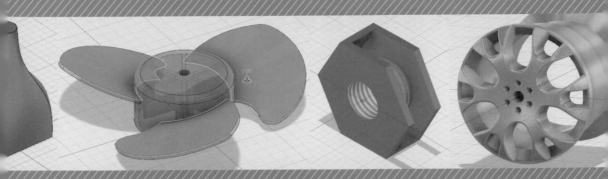

本章節運用前面所學，從頭到尾組裝一台手推車，希望讀者可以先翻閱本章節最後一頁的完成圖，試著組裝練習，再回頭從步驟1開始檢視操作。

CHAPTER 12

手推車範例（組裝）

12-1 花板平台組裝

01 點擊【文件】→【新建設計】。

02 點擊【文件】→【儲存】。必須儲存檔案才能匯入其他零件。

03 在專案資料夾中，找到上傳的範例檔〈長 700 方管 - 雙斜〉，按下滑鼠右鍵→【插入到當前設計中】。

04 X 角度輸入 90，按下【確定】。

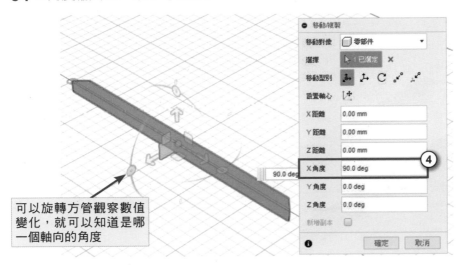

可以旋轉方管觀察數值
變化，就可以知道是哪
一個軸向的角度

05 在專案資料夾中，找到上傳的範例檔〈長 500 方管 - 雙斜〉，按下滑鼠右鍵→【插入到當前設計中】。（也可以直接拖曳檔案到畫面中）

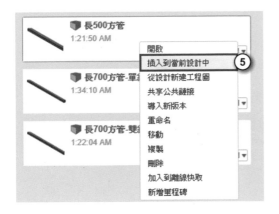

06 若與 700 的方管重疊，可先往旁邊移動，X 角度輸入 -90，按下【確定】。

07 縮放視角到此位置。

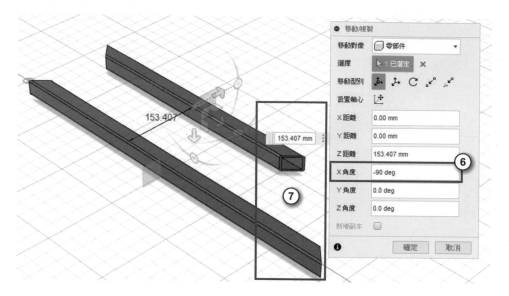

08 點擊【聯接】指令或按下快捷鍵 J。

09 點擊 500 方管靠外側的中點。（藍色軸與方管的面垂直）

10 點擊 700 方管靠外側的中點，須注意鎖點時的軸向一致。

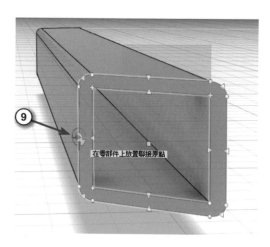

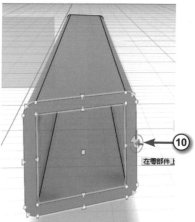

11 組裝完如下圖所示，按下【確定】。

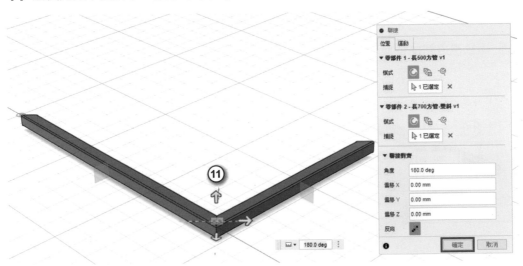

12 在「長 500 方管」零件上按右鍵→【移動 / 複製】。

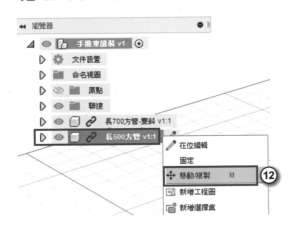

13 先勾選【新增副本】。

14 往要組裝的位置移動，Y 角度輸入 180，按下【確定】。

15 縮放視角到此位置。

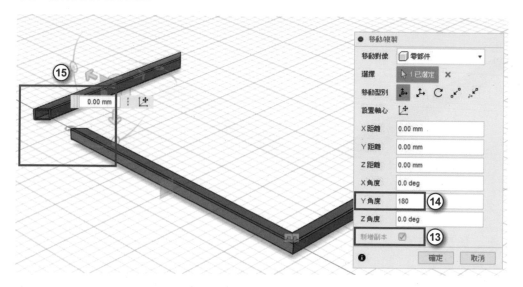

16 點擊【聯接】指令或按下快捷鍵 J 。

17 點擊 500 方管靠內側的中點。（內外側皆可，但兩個方管要統一位置。）

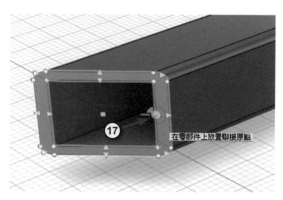

18 點擊 700 方管靠內側的中點。

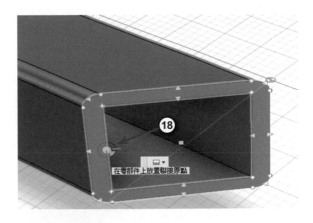

19 在「長 700 方管 - 雙斜」零件上按右鍵→【移動/複製】。

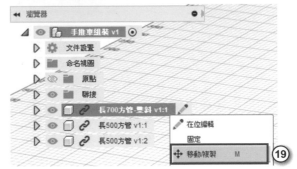

20 先勾選【新增副本】。

21 往要組裝的位置移動，Y 角度輸入 180，按下【確定】。

22 縮放視角到此位置。

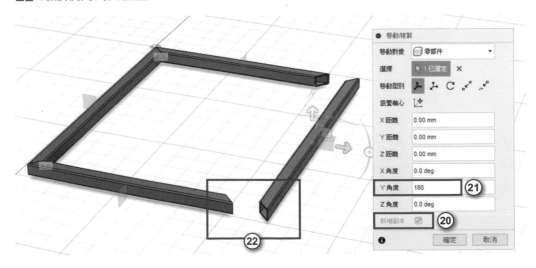

23 點擊【聯接】指令或按下快捷鍵 Ⓙ 。

24 點擊 700 方管靠內側的中點。

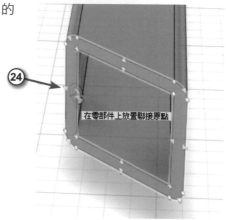

25 點擊 500 方管靠內側的中點。

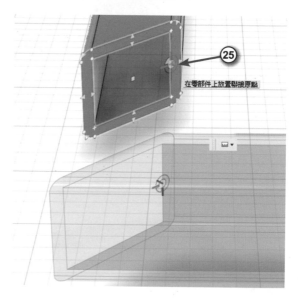

26 在專案資料夾中，找到上傳的範例檔〈花板〉，按下滑鼠右鍵→【插入到當前設計中】。

27 X 角度輸入 90，按下【確定】。

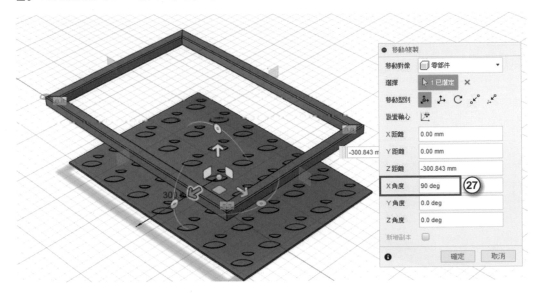

28 點擊【聯接】指令或按下快捷鍵 Ｊ 。

29 點擊花板靠下方的中點。

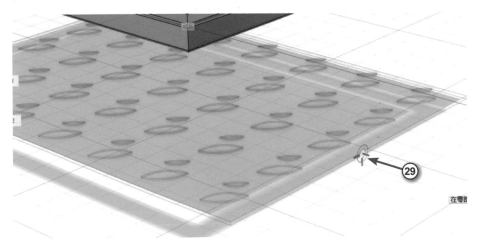

30 細部放大視角如右圖。

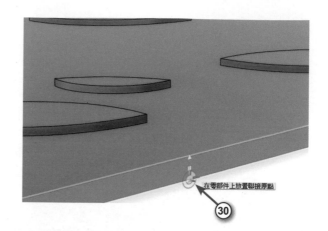

31 再點擊方管的中心點。

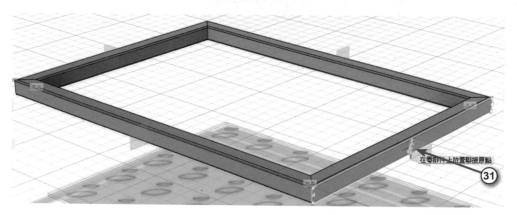

32 取消【反向】，Y 偏移輸入 -15，按下【確定】。

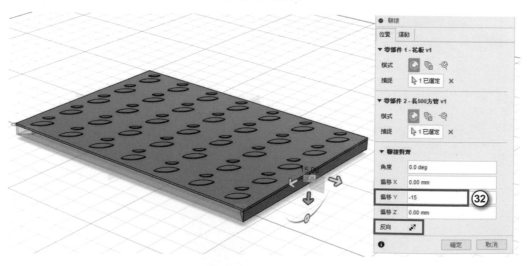

12-2 扶手組裝

01 在專案資料夾中，找到上傳的範例檔〈長 700 方管 - 單斜〉，按下滑鼠右鍵→【插入到當前設計中】。

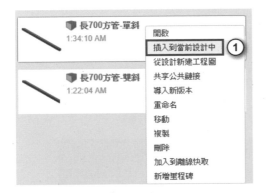

02 X 角度輸入 90，Y 角度輸入 -90，按下【確定】。（若方向顛倒，可輸入 -90 度）

03 縮放視角到此位置。

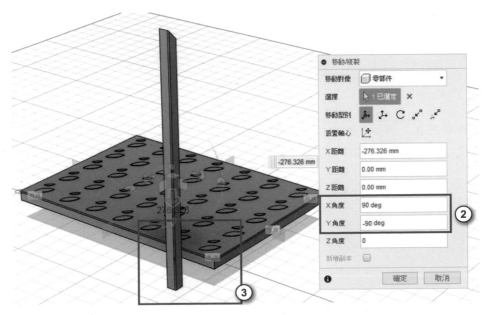

04 點擊【聯接】指令或按下快捷
鍵 J 。

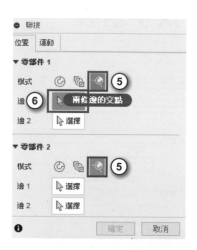

05「零部件 1」與「零部件 2」皆
選擇【兩條邊的交點】模式。

06 再點擊「邊 1」右側的【選
擇】按鈕。

07 依序點擊直立的 700 方管左側
與右側的兩條邊線。

08 依序點擊花板左側與右側靠上
方的兩條邊線，關閉聯接視窗。

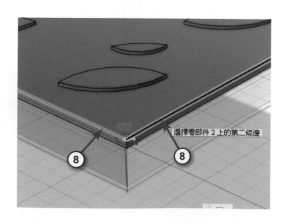

09 在「長 700 方管 - 單斜」零件上按右鍵→【移動 / 複製】。

10 先勾選【新增副本】。

11 往要組裝的位置移動，X 角度輸入 180，按下【確定】。

12 縮放視角到此位置。

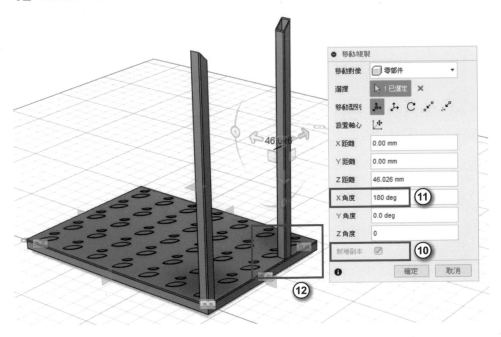

13 點擊【聯接】指令或按下快捷鍵 J 。

14「零部件 1」與「零部件 2」皆選擇【兩條邊的交點】模式。

15 再點擊「邊 1」右側的【選擇】按鈕。

16 依序點擊直立的 700 方管右側與左側的兩條邊線。

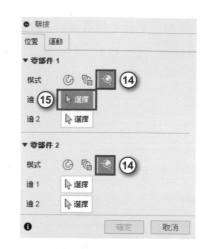

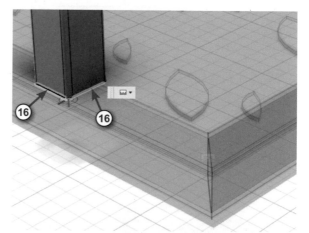

17 依序點擊花板右側與左側的兩條邊線，關閉聯接視窗。

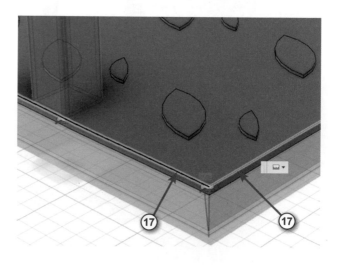

18 在「長 500 方管 v1:1」零件上按右鍵→【移動 / 複製】。

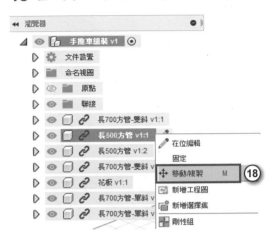

19 勾選【新增副本】，往要組裝的位置移動，X 角度輸入 90，按下【確定】。

20 縮放視角到此位置。

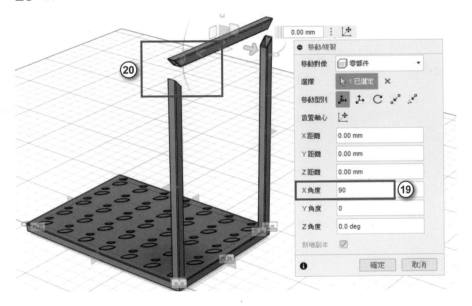

21 點擊【聯接】指令或按下快捷鍵 Ｊ 。

22 點擊水平的 500 方管的上方中點。

23 點擊直立的 700 方管的上方中點，完成扶手組裝。

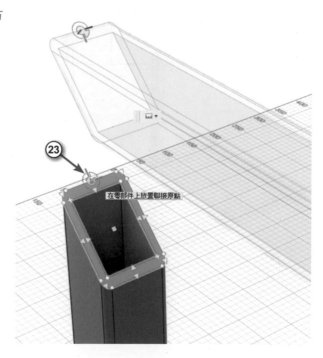

12-3 腳輪組裝

01 在專案資料夾中，找到上傳的範例檔〈固定腳輪〉，按下滑鼠右鍵→【插入到當前設計中】。

02 往要組裝的位置移動，X 角度輸入 90，Y 角度輸入 90，按下【確定】。

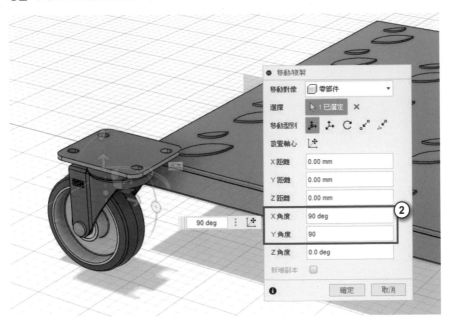

03 點擊【聯接】指令或按下快捷鍵 Ⓙ 。

04「零部件 1」與「零部件 2」
皆選擇【兩條邊的交點】模式。

05 再點擊「邊 1」右側的【選
擇】按鈕。

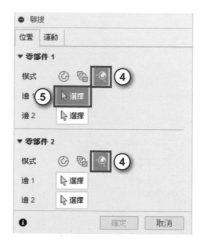

06 依序點擊腳輪的右側與左側
上方邊線。

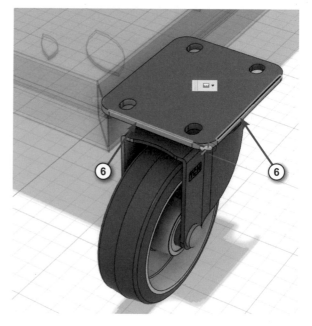

07 再依序點擊花板的右側與左側下方邊線。

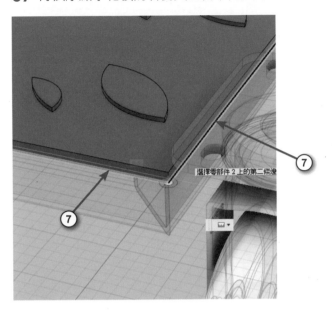

08 Z 偏移輸入 -30，也就是往下移動方管的寬度。（若移動方向相反，可輸入 30）

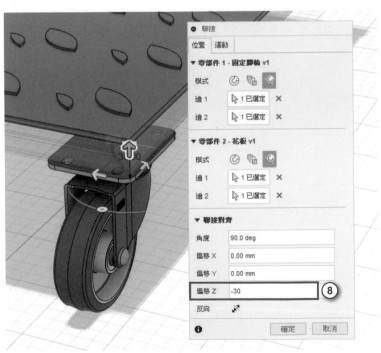

09 使用同樣方式，複製並組裝其他腳輪，完成圖如下。

超簡單！Autodesk Fusion 360 最強設計入門與實戰(第二版)

作　　　者：邱聰倚 / 姚家琦 / 吳綉華 / 劉庭佑 / 林玉琪
企劃編輯：王建賀
文字編輯：江雅鈴
設計裝幀：張寶莉
發 行 人：廖文良

發 行 所：碁峰資訊股份有限公司
地　　　址：台北市南港區三重路 66 號 7 樓之 6
電　　　話：(02)2788-2408
傳　　　真：(02)8192-4433
網　　　站：www.gotop.com.tw
書　　　號：AEC010500
版　　　次：2022 年 08 月二版
建議售價：NT$480

國家圖書館出版品預行編目資料

超簡單！Autodesk Fusion 360 最強設計入門與實戰 / 邱聰倚,
姚家琦, 吳綉華, 劉庭佑, 林玉琪著. -- 二版. -- 臺北市：碁峰
資訊, 2022.08
　　面；　　公分
　　ISBN 978-626-324-262-3(平裝)
　　1.CST：工程圖學　2.CST：電腦軟體
440.8029　　　　　　　　　　　　　　　　111011764

讀者服務

● 感謝您購買碁峰圖書，如果您對本書的內容或表達上有不清楚的地方或其他建議，請至碁峰網站：「聯絡我們」\「圖書問題」留下您所購買之書籍及問題。(請註明購買書籍之書號及書名，以及問題頁數，以便能儘快為您處理)
http://www.gotop.com.tw

● 售後服務僅限書籍本身內容，若是軟、硬體問題，請您直接與軟體廠商聯絡。

● 若於購買書籍後發現有破損、缺頁、裝訂錯誤之問題，請直接將書寄回更換，並註明您的姓名、連絡電話及地址，將有專人與您連絡補寄商品。